# 城镇污水处理厂尾水型人工湿地强化脱氮技术

陈启斌　李作臣　赵利勇　王朝旭　闫春浩　魏阳 等　著

中国水利水电出版社
www.waterpub.com.cn
·北京·

## 内 容 提 要

　　本书系统全面地梳理和总结了人工湿地技术在我国城镇污水处理厂尾水中的应用现状和研究动态；归纳分析了国内人工湿地技术标准的实施状况，并从不同层面对比分析了尾水型人工湿地的工艺选型、设计参数的确定和优化建议；解析生物炭和植物碳源的添加对尾水型人工湿地脱氮效能的影响以及氮代谢路径；揭示人工湿地内微生物群落的构成、多样性和功能基因。

　　本书可作为环境工程、环境科学、环境生态工程、给排水科学与工程、水生态修复工程等相关专业的本科生和研究生教学用书，也可供相关专业的研究人员参考。

**图书在版编目（CIP）数据**

城镇污水处理厂尾水型人工湿地强化脱氮技术 / 陈启斌等著. -- 北京：中国水利水电出版社，2024. 6.
ISBN 978-7-5226-2641-3

Ⅰ．X703

中国国家版本馆CIP数据核字第20240ZN939号

| | | |
|---|---|---|
| 书　　名 | **城镇污水处理厂尾水型人工湿地强化脱氮技术**<br>CHENGZHEN WUSHUI CHULICHANG WEISHUIXING<br>RENGONG SHIDI QIANGHUA TUODAN JISHU | |
| 作　　者 | 陈启斌　李作臣　赵利勇　王朝旭　闫春浩　魏　阳　等著 | |
| 出版发行 | 中国水利水电出版社 | |
| | （北京市海淀区玉渊潭南路 1 号 D 座　100038） | |
| | 网址：www. waterpub. com. cn | |
| | E - mail：sales@mwr. gov. cn | |
| | 电话：（010）68545888（营销中心） | |
| 经　　售 | 北京科水图书销售有限公司 | |
| | 电话：（010）68545874、63202643 | |
| | 全国各地新华书店和相关出版物销售网点 | |
| 排　　版 | 中国水利水电出版社微机排版中心 | |
| 印　　刷 | 北京印匠彩色印刷有限公司 | |
| 规　　格 | 184mm×260mm　16 开本　11.25 印张　256 千字 | |
| 版　　次 | 2024 年 6 月第 1 版　2024 年 6 月第 1 次印刷 | |
| 印　　数 | 0001—1000 册 | |
| 定　　价 | **68.00 元** | |

为破解我国水资源短缺问题和提高用水效率，国家有关部门和地方政府陆续出台《关于推进污水资源化利用的指导意见》《黄河流域生态保护和高质量发展规划纲要》《区域再生水循环利用试点实施方案》《2022 年区域再生水循环利用试点城市名单》《重点流域水生态环境保护规划》等政策和措施，着手构建污染治理–生态保护–循环利用有机结合的区域再生水循环利用体系。其中，在污水处理厂下游因地制宜建设尾水型人工湿地水质净化工程，有利于实现水资源、水环境、水生态的系统治理和统筹推进。

本书以人工湿地技术深度净化城镇污水处理厂尾水为主要内容，对我国尾水人工湿地技术的研究和实践成果进行梳理与开展相关研究。全面梳理和总结了国内外人工湿地研究动态（基于 CiteSpace 文献计量学分析技术）和尾水型人工湿地建设及应用现状，分析了尾水型人工湿地技术标准实施状况，对不同层面尾水人工湿地技术标准从工艺选型、设计参数等方面进行了对比分析。深入开展了生物炭基潜流人工湿地对尾水脱氮效能的影响以及植物碳源的添加对水平潜流人工湿地强化污水处理厂尾水脱氮效能的影响研究，试验研究成果将为进一步推动我国污水处理厂尾水人工湿地生态技术研究和工程实践提供参考。

本书撰写分工如下：第 1 章，陈启斌；第 2 章，陈启斌、闫春浩、李红星、张业国、李书广、温舒斐；第 3 章至第 6 章，陈启斌；第 7 章，王朝旭、李作臣、魏阳、申志鹏；第 8 章，王朝旭、赵利勇、孙兆森、李伟强；第 9 章至第 12 章，陈启斌。

全书由太原理工大学陈启斌统稿。

本书是在太原理工大学与中电建市政集团公司北方国际工程有限公司合作项目的研究成果基础上，融入太原理工大学城市水系统与水土环境研究团队近几年成果经验撰写而成。本书作者课题组的硕士研究生常智琳、刘勇超、苑振华、马昱新、侯耀钧为本书的撰写工作作出了贡献，特此鸣谢。在合作项目执行和本书撰写期间，得到了北方国际工程有限公司领导和相关部门的大力支持，在此表示感谢！另外，本书参考了同行公开发表的有关文献与技术资料，在此一并感谢。

由于作者水平和时间有限，书中疏漏之处在所难免，恳请读者批评指正！

作者

2024 年 3 月

# 目录

# 第3篇 外加电子供体强化尾水型人工湿地生物脱氮技术

# 第1篇　污水厂尾水型人工湿地技术研究现状和发展动态

# 第1章 基于文献计量学的国内外人工湿地研究动态分析

1953 年，德国学者 Seidel 在研究中发现芦苇地具有水质净化的功能，并构建出人工湿地的雏形。1972 年，德国学者 Kichunth 在前者基础上，提出根区法（the root – zone – method）理论，强调了高等植物在湿地污水处理系统中的去除污染物作用，之后人工湿地技术开始受到关注并在工程中得到了应用。20 世纪 80 年代，欧洲、北美洲等地区的国家，陆续在官方技术指南中将人工湿地确定为一种有效的污水处理技术。1996 年，在维也纳召开的第 4 届人工湿地国际研讨会，标志着人工湿地作为一种新型污水处理技术正式进入水污染控制领域。2000 年以来，人工湿地因其成本低、易管理、生态友好、脱氮除磷能力强和兼具景观价值等优点，对水质净化、生态修复和景观建设具有重要意义，已广泛应用于生活污水、工业废水、养殖场废水和污水处理厂尾水等的处理。截至 2006 年，欧洲有 1 万多座人工湿地，北美洲有近 2 万座人工湿地，我国截至 2020 年年底已建成人工湿地 1171 座。

从 2000 年至今，国内外学者在人工湿地领域取得了重大进展，相关文献的发表量已有数万篇，相关的总结和综述也已超百篇，但对国内外人工湿地领域的研究动态和演变进行全面梳理和述评的文献较少。通过文献计量学方法，基于 CiteSpace 等软件统计分析 2000—2021 年国内外人工湿地领域的文献，通过软件导出的可视化知识图谱，解析研究动态，预测未来发展趋势，以期为国内人工湿地的深入研究提供参考。

## 1.1 数据来源与研究方法

### 1.1.1 数据来源

以 2000 年以来国内外学者在人工湿地领域发表的核心数据库期刊文献为研究对象，文献来源于中国知网（CNKI）核心期刊数据库和 Web of Science（WoS）核心合集数据库，检索时间为 2000 年 1 月 1 日至 2021 年 12 月 31 日。在 CNKI 核心期刊数据库中采用"主题"的检索方式，检索词汇为"人工湿地"，文献类别为学术期刊；在 WoS 核心合集数据库中以检索式"TS＝("constructed wetland* ") or TS＝("artificial wetland* ")"进行精准检索，检索式字段 TS 表示主题，文献类别选用论文、综述和在线发表，文献语言选择 English。通过人工阅读去除无关文献，最终确定了 4056 篇中文文献和 9465 篇英文文献。其中，英文文献中有 2805 篇由中国（包括台湾省）学者发表，将其与中文文献合并为国内文献（6861 篇），剩余 6660 篇英文文献为国外文献。

### 1.1.2　研究方法

文献计量分析采用 CiteSpace 软件 v6.1.R3，设置年份切片为 1 年，分别对国内外人工湿地领域文献的发文作者、研究方向及研究热点演化进行可视化分析并生成相应的知识图谱，将年发文量、发文国家、发文机构、发文期刊、高被引文献等计量结果绘制成相应图表。

## 1.2　时间演变特征

2000—2021 年人工湿地领域年发文量变化如图 1-1 所示。国内外人工湿地领域年发文量总体呈现出快速增长趋势，表明人工湿地研究处于持续推进和快速发展中。从图中可以看出，国外文献年际间发文量变化曲线可以划分为两个区间：第一区间（2000—2015年）为总体较快增长区，其中 2000 年发文 93 篇，2015 年则增长至 402 篇，发文量年际间虽存在一定的波动，但总体上增长了 3.3 倍；第二区间（2016—2021 年）为加速增长区，人工湿地研究方向和内容不断拓展，包括印度、巴西等在内的发展中国家也开始研究和应用人工湿地，使国外英文文献年发文量连续 5 年年平均增长率保持在 11.4%，2021年发文量达到峰值（654 篇）。

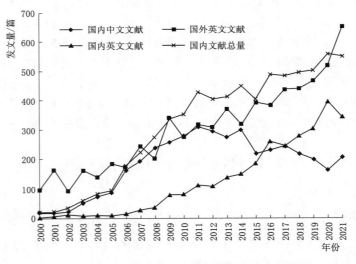

图 1-1　2000—2021 年人工湿地领域年发文量变化

国内人工湿地研究起步较晚但发展迅速。2000 年国内年发文总量（中文、英文文献之和）相比国外差距较大；2001—2011 年，国内年发文总量进入快速增长阶段，且以中文文献为主，国内年发文总量迅速增长与我国实施了国家水体污染控制与治理科技重大专项等项目密切相关，并且人工湿地高效去除污染物和低成本的优点符合当时中国的国情，引发了国内学者对人工湿地的持续深入研究。2011 年之后，国内人工湿地领域年发文总量的增长速率开始放缓，其中中文文献年发文量达到峰值并开始小幅下降，逐渐进入稳定期；英文文献年发文量从 2008 年开始一直在快速增长，并于 2016 年超过中文文献，成为国内人工湿地研究文献的主要组成部分。分析其原因：深度研究导致试验周期延长，进而引起国内文献发文量增长趋势放缓；大部分学者优先考虑在国际期刊投稿，导致近些年出现国内英文文献年发文量大于中文文献的现象。

# 1.3　空间分布特征

## 1.3.1　发文国家

2000—2021 年 WoS 中人工湿地领域发文量排名前 10 的国家的地理分布如图 1-2 所示。从发文量排名上，中国发文近 3000 篇，居世界首位；美国发文 1700 余篇，位列第二；其余国家的发文量远少于中国和美国，仅有 300～500 篇。从地理分布上，人工湿地领域发文量排名前 10 的国家中，除亚洲的中国和印度为发展中国家之外，其余均为发达国家；发文国家主要集中在欧洲，其中西班牙是欧洲地区发文量最多的国家；非洲和南美洲的国家在人工湿地领域的研究热度及应用相对匮乏，这可能与国家政策导向、经济发展水平和当地的气候地理条件有关。

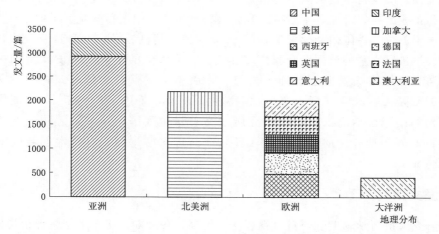

图 1-2　2000—2021 年 WoS 中人工湿地领域发文量排名前 10 的国家的地理分布

## 1.3.2　发文机构

2000—2021 年人工湿地领域发文量排名前 10 的研究机构见表 1-1。由表 1-1 可知，在国际人工湿地领域发文量排名前 10 的科研机构中，美国占有 3 席，且其发文量占全部发文量的 30.9%，表明美国仍是世界科研实力最强的国家；中国包括 2 家研究机构，发文量占比为 22.7%，且中国科学院大学是国际上发文量最多的研究机构，其发文量占全部发文量的 13.2%，表明中国作为唯一的发展中国家，科研实力在快速提升；美国农业部和法国国家农业食品与环境研究院等属于农业类研究机构，这些机构开展的有关人工湿地研究与应用领域更偏于农业。

表 1–1　　　　　2000—2021 年人工湿地领域发文量排名前 10 的研究机构

| 国 际 发 文 机 构 | | | 国 内 发 文 机 构 | | | |
|---|---|---|---|---|---|---|
| 机构名称 | 所属国家 | 发文量/篇 | 机构名称 | 发文量/篇 | | |
| | | | | 中文文献 | 英文文献 | 合计 |
| 中国科学院大学 | 中国 | 218 | 中国科学院大学 | 101 | 218 | 319 |
| 美国农业部 | 美国 | 186 | 同济大学 | 169 | 93 | 262 |
| 加州大学系统 | 美国 | 180 | 中国科学院水生生物研究所 | 122 | 102 | 224 |
| 亥姆霍兹环境研究中心 | 德国 | 173 | 山东大学 | 40 | 156 | 196 |
| 奥胡斯大学 | 丹麦 | 165 | 东南大学 | 91 | 101 | 192 |
| 山东大学 | 中国 | 156 | 浙江大学 | 63 | 107 | 170 |
| 法国国家农业食品与环境研究院 | 法国 | 154 | 河海大学 | 80 | 84 | 164 |
| 法国国家科学研究中心 | 法国 | 149 | 中国环境科学研究院 | 88 | 72 | 160 |
| 佛罗里达州立大学系统 | 美国 | 143 | 重庆大学 | 94 | 61 | 155 |
| 加泰罗尼亚大学 | 西班牙 | 125 | 清华大学 | 77 | 77 | 154 |

　　我国国内发文量排名前 10 的研究机构来自于高等院校（8 个）和研究院所（2 个），说明高等院校是国内科研发文的主力军，但基于国际科技发展的趋势，应持续加强高校、科研机构和企业的科研合作，不断提升我国科技竞争力。中国科学院大学的中英文文献发文总量均居于首位，占国内全部发文量的 16%，表明其科教融合办学特色较大地促进了该研究型大学科研水平的全面提升和快速发展；同济大学的中文文献发文量和中国科学院大学的英文文献发文量分别位列国内第一，而英文文献发文量占该机构发文总量的比例最高的则是山东大学（近 80%）。值得注意的是，与中国科学院大学同属中国科学院院属机构的中国科学院水生生物研究所发文总量位列国内第三，表明制度邻近对科研产出和技术创新具有正向溢出效益，且制度邻近水平越高，对技术创新效率的正向溢出效益越显著。

## 1.3.3　发文期刊

　　随着研究人员对学术期刊质量重视程度的提高，各种期刊影响力定量评价指标层出不穷，但期刊的影响因子（IF）目前仍是期刊吸引高质量文献的重要条件和作者团队选择投稿期刊的参考。2000—2021 年人工湿地领域发文量排名前 5 的期刊见表 1–2。*Ecological Engineering*（IF=4.379）是国际上发文量最高且唯一超 1000 篇的期刊，同时，*Ecological Engineering* 不仅发文量远远超过其他 4 个期刊，而且在全部英文文献发文量的占比为 17.6%。发文量位列第三、第五的高发文期刊 *Bioresource Technology*（IF=11.889）和 *Science of the Total Environment*（IF=10.754）的国际学术影响力较大。

　　人工湿地领域国内高发文期刊为《环境科学》（IF=3.936）、《生态学报》（IF=4.733）和《农业工程学报》（IF=3.446）等期刊，其中《环境科学》以 150 篇的发文量位列首位。但需指出的是，与国际高发文期刊相比，国内发文期刊呈现出刊物数量多、集中度和单刊发文量低的特点，这可能与期刊的办刊宗旨和栏目设置有关。

表 1 - 2　　　　　　2000—2021 年人工湿地领域发文量排名前 5 的期刊

| 国 际 发 文 期 刊 | | | 国 内 发 文 期 刊 | | |
|---|---|---|---|---|---|
| 期刊名称 | 发文量/篇 | IF（2021 年） | 期刊名称 | 发文量/篇 | IF（2021 年） |
| *Ecological Engineering* | 1170 | 4.379 | 环境科学 | 150 | 3.936 |
| *Water Science and Technology* | 623 | 2.430 | 生态学报 | 61 | 4.733 |
| *Science of The Total Environment* | 545 | 10.754 | 农业工程学报 | 35 | 3.446 |
| *Environmental Science and Pollution Research* | 371 | 5.190 | 应用生态学报 | 21 | 3.893 |
| *Bioresource Technology* | 346 | 11.889 | 自然资源学报 | 11 | 6.098 |

# 1.4　发文作者与高被引文献

## 1.4.1　发文作者

　　某一领域的主要发文作者对该领域的发展脉络、研究热点及趋势具有较精准的把握，持续跟踪主要发文作者及其团队的最新研究成果，可以实时了解到主流的研究方向。2000—2021 年人工湿地领域发文量排名前 10 的作者见表 1-3。在国际上，发文量最多的作者是西班牙加泰罗尼亚理工大学的 Garcia J，发表了 86 篇英文文献；捷克布拉格生命科学大学的 Vymazal J 和西安理工大学的赵亚乾均发表 83 篇英文文献并列第二。发文量排名前 10 的作者中，有 3 位作者（赵亚乾、张建和吴振斌）来自中国的高校或科研院所。2000—2021 年人工湿地领域国外作者合作图谱如图 1-3 所示，发文作者之间的合作有：加泰罗尼亚理工大学的 Garcia J、Becares E 等的团队，目前主要开展强化人工湿地对新型污染物和药物成分（如抗生素）去除的研究；丹麦奥胡思大学的 Brix H 和 Arias CA 等的团队，目前主要开展比较人工湿地性能以及对病原微生物去除的研究。

表 1 - 3　　　　　　2000—2021 年人工湿地领域发文量排名前 10 的作者

| 国 际 发 文 作 者 | | | 国 内 发 文 作 者 | | | | |
|---|---|---|---|---|---|---|---|
| 作者姓名 | 所属机构 | 发文量/篇 | 作者姓名 | 所属机构 | 发文量/篇 | | |
| | | | | | 中文文献 | 英文文献 | 合计 |
| Garcia J | 加泰罗尼亚理工大学 | 86 | 吴振斌 | 中国科学院水生生物研究所 | 103 | 52 | 155 |
| Vymazal J | 捷克布拉格生命科学大学 | 83 | 贺峰 | 中国科学院水生生物研究所 | 71 | 31 | 102 |
| 赵亚乾 | 西安理工大学 | 83 | 赵亚乾 | 西安理工大学 | 14 | 83 | 97 |
| Brix H | 奥胡斯大学 | 81 | 宋新山 | 东华大学 | 42 | 44 | 86 |
| Scholz M | 索尔福德大学 | 78 | 葛滢 | 浙江大学 | 35 | 51 | 86 |
| Kusch P | 亥姆霍兹环境研究中心 | 68 | 张建 | 山东大学 | 22 | 56 | 78 |

续表

| 国际发文作者 | | | 国内发文作者 | | | | |
|---|---|---|---|---|---|---|---|
| 作者姓名 | 所属机构 | 发文量/篇 | 作者姓名 | 所属机构 | 发文量/篇 | | |
| | | | | | 中文文献 | 英文文献 | 合计 |
| Langergraber G | 维也纳自然资源与生命科学大学 | 56 | 成水平 | 同济大学 | 39 | 25 | 64 |
| 张建 | 山东大学 | 56 | 常杰 | 浙江大学 | 19 | 43 | 62 |
| Arias CA | 奥胡斯大学 | 55 | 谢慧君 | 山东大学 | 8 | 52 | 60 |
| 吴振斌 | 中国科学院水生生物研究所 | 52 | 崔理华 | 华南农业大学 | 40 | 16 | 56 |

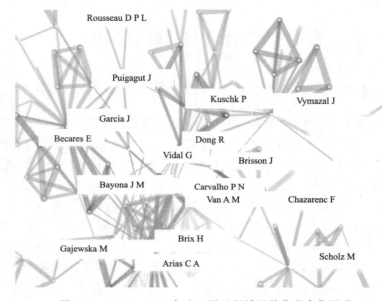

图 1-3 2000—2021 年人工湿地领域国外作者合作图谱

根据表 1-3，2000—2021 年国内人工湿地领域文献发文总量最多的作者是中国科学院水生生物研究所的吴振斌，共发表 155 篇文献，其中中文文献 103 篇，英文文献 52 篇，并且吴振斌还是发表中文文献最多的作者；西安理工大学的赵亚乾是发表英文文献最多的作者。2000—2021 年人工湿地领域国内作者合作图谱如图 1-4 所示。发文作者之间的合作有：中国科学院水生生物研究所的吴振斌、贺锋、成水平、徐栋、付贵萍等的团队，目前主要开展有关人工湿地基质堵塞、低温环境下的除污效果强化和设计地方性示范工程等偏应用类研究；山东大学的张建、胡振、吴海明、谢慧君、梁爽等的团队，目前主要开展人工湿地新型耦合工艺效果、新兴污染物去除等前沿研究。

## 1.4.2 高被引文献

文献的被引次数在一定程度上可以反映出其在某领域学术交流影响力的大小，被引用的次数越多，得到业内同行的关注度就越高，其学术影响力就越大。高被引文献往往表现

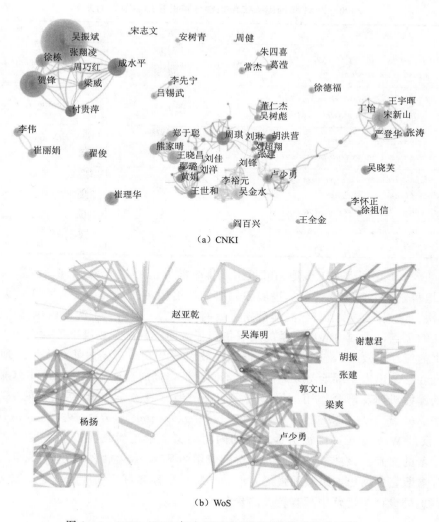

（a）CNKI

（b）WoS

图 1-4　2000—2021 年人工湿地领域国内作者合作图谱

为该文献抓住了某一研究阶段该领域的研究主题和热点，引领了该领域的相关学术前沿。2000—2021 年国际人工湿地领域被引量排名前 5 的文献见表 1-4。在 WoS 数据库中被引量最高的文献是捷克布拉格生命科学大学 Vymazal 发表的 *Removal of nutrients in various types of constructed wetlands*，被引用次数达到了 1701 次，该文献阐明了人工湿地中氮、磷转化的路径及其去除机理，并分析了不同复合人工湿地在氮磷高效去除方面的优势；其次是 Stottmeister 等发表的 *Effects of plants and microorganisms in constructed wetlands for wastewater treatment*，被引用了 847 次，位列第二，该文献深入探讨了湿地植物和根区微生物去除污染物的机理，并指出未来人工湿地发展需重点关注的几个方面。在文献计量学中，评价和认定核心作者的有发文量和被引频次 2 个指标。由表 1-3 和表 1-4 可知，Vymazal 既是高发文作者，同时也是高被引作者。因此，Vymazal 可以被认为是国际上人工湿地领域的核心作者，具有广泛和较高的学术影响力。

表 1 - 4　　　　　　　2000—2021 年国际人工湿地领域被引量排名前 5 的文献

| 文 献 篇 名 | 发表年份 | 第一作者 | 被引/次 | 发 表 期 刊 |
|---|---|---|---|---|
| *Removal of nutrients in various types of constructed wetlands* | 2007 | Vymazal | 1701 | *Science of the Total Environment* |
| *Effects of plants and microorganisms in constructed wetlands for wastewater treatment* | 2003 | Stottmeister | 847 | *Biotechnology Advances* |
| *The nature and value of ecosystem services: An overview highlighting hydrologic services* | 2007 | Brauman | 746 | *Annual Review of Environment and Resources* |
| *Metal uptake, transport and release by wetland plants: implications for phytoremediation and restoration* | 2004 | Weis | 705 | *Environment International* |
| *Constructed Wetlands for Wastewater Treatment: Five Decades of Experience* | 2011 | Vymazal | 612 | *Environmental Science & Technology* |

　　2000—2021 年国内人工湿地领域被引量排名前 5 的文献见表 1 - 5。杨永兴等发表的《国际湿地科学研究的主要特点、进展和展望》被引用频次最高，在 CNKI 数据库中被引用 1022 次，该文献在总结国际湿地最新进展的基础上，指出人工湿地构建已成为 21 世纪科学研究的重点，为国内湿地科学的发展指明了方向；其次是夏汉平等发表的《人工湿地处理污水的机理与效率》，在 CNKI 数据库中被引用 845 次，该文献对人工湿地的概念进行了定义，总结出人工湿地与天然湿地的不同特征，同时全面阐述了系统中基质、微生物和植物的除污机理及耦合作用。值得注意的是，吴海明等在 2015 年发表的 *A review on the sustainability of constructed wetlands for wastewater treatment: design and operation*，不仅是 WoS 数据库中被引量最高的国内英文文献，而且在 5 篇高被引文献中是发表时间最新的文献。该文献在回顾人工湿地应用的基础上，总结了湿地系统可持续运行的关键设计参数，并指出未来应加强提高湿地系统稳定性和可持续性的研究，该文献对于国内人工湿地的设计与运营中具有较大的参考价值。

表 1 - 5　　　　　　　2000—2021 年国内人工湿地领域被引量排名前 5 的文献

| 文 献 篇 名 | 发表年份 | 第一作者 | 被引/次 | 发 表 期 刊 |
|---|---|---|---|---|
| 国际湿地科学研究的主要特点、进展和展望 | 2002 | 杨永兴 | 1022 | 地理科学进展 |
| 农田氮、磷的流失与水体富营养化 | 2000 | 司友斌 | 702 | 土壤 |
| 人工湿地处理污水的机理与效率 | 2002 | 夏汉平 | 845 | 生态学杂志 |
| *A review on the sustainability of constructed wetlands for wastewater treatment: design and operation* | 2015 | 吴海明 | 564 | *Bioresource Technology* |
| 人工湿地的氮去除机理 | 2006 | 卢少勇 | 540 | 生态学报 |

　　对人工湿地领域国际和国内高被引文献的统计分析结果表明，综述类文献的受关注程度和被引用的几率要高于一般研究类文献，高被引文献多为综述，其主题集中于湿地中基质、微生物和动植物的耦合作用及除污过程，对有机物、氮磷、重金属的去除机理，不同类型人工湿地的除污效率等。另外，较早发表的文献，其被引用的频次可能越高。

# 1.5　研究方向与热点

## 1.5.1　研究方向

　　借助 CiteSpace 对国内外人工湿地领域文献的高频关键词进行提取并聚类，通过聚类主题可以反映出 2000 年以来国内外学者在人工湿地领域的主要研究方向。

　　2000—2021 年人工湿地领域国外文献关键词聚类图谱如图 1-5 所示。国际人工湿地领域的研究方向在关注"domestic wastewater treatment（生活污水处理）"和常规污染物"heavy metal（重金属）"去除的同时，对包括"personal care product（个人护理品）"在内的新兴污染物、"methane emission（甲烷排放）"和"wetland - microbial fuel cell（湿地-微生物燃料电池）"耦合技术等方面的研究关注度较高，亦成为主要研究方向。随着人们生活水平的提高，个人护理品被大量使用，使得污水中出现很多新兴污染物，如持久性有机污染物、内分泌干扰物和微塑料等，目前国外学者正在开展人工湿地对新型污染物的去除机理、效果和稳

图 1-5　2000—2021 年人工湿地领域国外
文献关键词聚类图谱

定性的相关研究。从早期碳足迹研究到现在的碳减排目标，国外学者们对人工湿地的温室气体（二氧化碳、甲烷等）排放研究进一步加深，目前人工湿地在温室气体排放方面多表现为碳源或弱碳汇，强化碳汇型人工湿地的碳捕捉、碳封存能力，将人工湿地应用于温室气体控制，是该方向的主要研究内容。人工湿地-微生物燃料电池耦合系统在净化污水的同时可产出少量电能，目前研究主要还是集中于如何提高该系统的产电效能和回收效率，尚未应用于实际工程。

　　2000—2021 年人工湿地领域国内文献关键词聚类图谱如图 1-6 所示。国内人工湿地领域的主要研究方向可归纳为以下 4 大类：

　　（1）关于人工湿地去除污染物机理的研究。"湿地植物""基质""functional gene（功能性基因）"三个研究方向表明，人工湿地的去除污染物机理主要是利用植物、基质及微生物的物理、化学、生物三重协同作用。在人工湿地领域关于植物方面的研究内容有湿地植物的筛选与搭配等，关于基质方面的研究内容有开发新型基质等，而微生物在三者中起主导作用，所以关于微生物方面的研究是国内人工湿地领域的主要方向之一，已开展了有关 *amoA* 和 *anammox* 等功能性基因、微生物群落结构组成及多样性的研究。

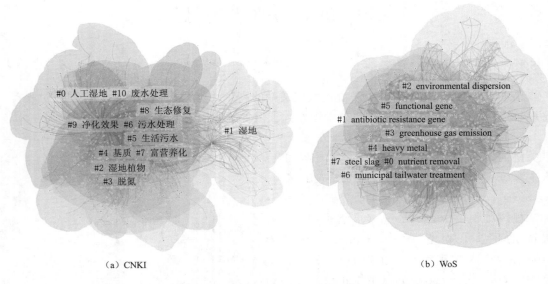

图 1-6　2000—2021 年人工湿地领域国内文献关键词聚类图谱

（2）关于提升人工湿地除污效能的研究。利用人工湿地技术进行多种"污（废）水处理"并保证其高效稳定的净化效果，是本领域最主要的研究方向，相关的研究内容涉及提升人工湿地在低温、低碳氮比、高负荷等复杂工况下的净化效果。

（3）关于人工湿地去除污染物对象的研究。人工湿地从早期去除有机物、"氮磷营养盐/nutrient removal（脱氮）"和"heavy metal（重金属）"等常规污染物，到之后新兴污染物"antibiotic resistance gene（抗生素抗性基因）"去除等，除污对象的范围一直在增加。

（4）关于人工湿地应用化的研究。目前人工湿地技术在处理常规污水方面已经成熟，国内相关学者开始尝试将人工湿地用来处理低污染负荷水体，例如"municipal tailwater treatment（城市尾水处理）"，解决硝化缺氧、反硝化缺碳源等问题，是该方向的主要研究内容；人工湿地作为一种接近自然的处理技术，在治理水体"富营养化"的同时，也为动物提供栖息地和恢复自然景观等，起到了"生态修复"的作用，因此得到了广泛应用。

## 1.5.2　研究热点演化

关键词突现性指一定时期内关键词出现频率的快速增加，反映该时段的研究热点或新的研究趋势，通过对国内外文献的突现词追踪，可以掌握领域内研究热点的演化动态，进而预测发展趋势。

### 1.5.2.1　国外研究热点演化

通过对国外英文文献进行关键词突现分析，得到不同时期突现强度最高的 10 个关键词。2000—2021 年人工湿地领域国外文献研究热点演化见表 1-6。研究热点从时间上大致可以分为以下 2 个阶段：

表 1-6　　　　　　　　2000—2021 年人工湿地领域国外文献研究热点演化

| 关 键 词 | | 突现强度 | 起始年 | 终止年 | 热点演化（2000—2021 年） |
|---|---|---|---|---|---|
| 英文 | 中文 | | | | |
| sediment | 沉积物 | 19.27 | 2000 | 2007 | ●●●●●●●●○○○○○○○○○○○○○○ |
| water | 水 | 16.42 | 2000 | 2009 | ●●●●●●●●●●○○○○○○○○○○○○ |
| wastewater treatment | 废水处理 | 11.86 | 2000 | 2004 | ●●●●●○○○○○○○○○○○○○○○○○ |
| constructed wetland | 人工湿地 | 30.58 | 2001 | 2003 | ○●●●○○○○○○○○○○○○○○○○○○ |
| reed bed | 芦苇床 | 29.44 | 2001 | 2009 | ○●●●●●●●●●○○○○○○○○○○○○ |
| macrophyte | 大型植物 | 13.07 | 2001 | 2008 | ○●●●●●●●●○○○○○○○○○○○○○ |
| atrazine | 阿特拉津 | 12.58 | 2003 | 2014 | ○○○●●●●●●●●●●●●●○○○○○○ |
| microbial fuel cell | 微生物燃料电池 | 16.88 | 2018 | 2021 | ○○○○○○○○○○○○○○○○○○●●●● |
| remediation | 环境治理 | 13.53 | 2018 | 2021 | ○○○○○○○○○○○○○○○○○○●●●● |
| antibiotic resistance gene | 抗生素抗性基因 | 10.81 | 2018 | 2021 | ○○○○○○○○○○○○○○○○○○●●●● |

（1）2000—2014 年。该阶段共有 7 个突现的研究热点，其中"沉积物""水"和"废水处理" 3 个研究热点从 2000 年出现，并在之后延续了 5～10 年。国外学者在该阶段关注到了沉积物问题，人工湿地利用沉淀、过滤和吸附等物理作用形成大量沉积物，如果发生扰动很可能使沉积物再悬浮或释放污染物，因此对人工湿地中沉积物的控制是国外的一个研究热点。国外学者在人工湿地研究中还关注到了有关"大型植物"的研究，通过研究大型植物的习性特点、筛选合适物种和优化种植搭配，以提升污水处理效果和达到自然景观作用。由于国外一些国家的人工湿地研究由农业类研究机构主导，开展大量利用人工湿地治理农业面源污染的研究，其中包括了利用人工湿地降解"阿特拉津"等农药。

（2）2015 年至今。国外开始了结合分子生物学等技术对人工湿地展开深入研究，并且着重开展有关"抗生素抗性基因"的研究，目前主要集中于人工湿地在去除抗生素的同时避免诱导抗生素抗性基因的产生。此外近些年能源紧张问题凸显，国外学者开始研究利用人工湿地对能源进行回收再利用，例如提高"微生物燃料电池"湿地系统中电能的回收。在应用方面，国内外学者都将人工湿地视为解决水生态破坏问题和生物栖息地丧失问题的重要手段，主要应用于"环境治理"和生态修复等方面的工作。

### 1.5.2.2　国内研究热点演化

2000—2021 年人工湿地领域国内文献研究热点演化见表 1-7。通过对国内文献关键词进行突现分析，共得到突现强度最高的 16 个关键词，从时间上大致可以分为以下 3 个阶段：

表 1-7　　　　　　　　2000—2021 年人工湿地领域国内文献研究热点演化

| 关 键 词 | | 突现强度 | 起始年 | 终止年 | 热点演化（2000—2021 年） |
|---|---|---|---|---|---|
| 中文 | 英文 | | | | |
| 人工湿地 | constructed wetlands | 6.54 | 2000 | 2004 | ●●●●●○○○○○○○○○○○○○○○○○ |
| 污水处理 | sewage treatment | 7.71 | 2003 | 2006 | ○○○●●●●○○○○○○○○○○○○○○○ |

13

续表

| 关键词 | | 突现强度 | 起始年 | 终止年 | 热点演化（2000—2021 年） |
|---|---|---|---|---|---|
| 中文 | 英文 | | | | |
| 废水处理 | wastewater treatment | 7.46 | 2003 | 2006 | ○○○●●●●○○○○○○○○○○○○○○○ |
| 潜流人工湿地 | subsurface constructed wetlands | 5.88 | 2003 | 2009 | ○○○●●●●●●●○○○○○○○○○○○○ |
| 富营养化 | eutrophication | 5.97 | 2004 | 2010 | ○○○○●●●●●●●○○○○○○○○○○○ |
| 芦苇 | reed | 5.38 | 2005 | 2007 | ○○○○○●●●○○○○○○○○○○○○○○ |
| 复合垂直流 | integrated vertical – flow | 6.22 | 2006 | 2009 | ○○○○○○●●●●○○○○○○○○○○○○ |
| 去除率 | removal rate | 7.32 | 2012 | 2015 | ○○○○○○○○○○○○●●●●○○○○○○ |
| 潮汐流 | tidal flow | 6.24 | 2013 | 2016 | ○○○○○○○○○○○○○●●●●○○○○○ |
| 农村生活污水 | rural domestic sewage | 5.06 | 2014 | 2015 | ○○○○○○○○○○○○○○●●○○○○○○ |
| 尾水 | tailwater | 6.40 | 2016 | 2021 | ○○○○○○○○○○○○○○○○●●●●●● |
| 海绵城市 | sponge city | 5.33 | 2016 | 2021 | ○○○○○○○○○○○○○○○○●●●●●● |
| 水力停留时间 | hydraulic retention time | 5.13 | 2016 | 2021 | ○○○○○○○○○○○○○○○○●●●●●● |
| 微生物群落 | microbial community | 8.98 | 2017 | 2021 | ○○○○○○○○○○○○○○○○○●●●●● |
| 生物炭 | biochar | 8.37 | 2017 | 2021 | ○○○○○○○○○○○○○○○○○●●●●● |
| 重金属 | heavy metal | 5.78 | 2019 | 2021 | ○○○○○○○○○○○○○○○○○○○●●● |

（1）2000—2011 年快速发展阶段。该阶段突现的关键词相比较其他阶段的多，主要包括"污（废）水处理""潜流人工湿地""富营养化""芦苇"和"复合垂直流"等，研究热点集中于人工湿地去除污染物机理和潜流人工湿地、复合垂直流人工湿地技术强化除污效果的深入研究，以及将人工湿地技术应用于富营养化水体的综合防治，通过对比表 1－6 可以看出，国外关于人工湿地处理污水的研究从 2000 年前延续到 2004 年，而国内相关研究热点出现在 2003—2006 年，说明国外在早期应用方面略早于国内。在该阶段中，因处理要求进一步提高，而单一的湿地结构很难满足需求，所以由多个不同湿地单元组成的复合型人工湿地系统受到学者们的关注，其相关研究主要集中在：对生活污水、污水处理厂尾水和养殖废水等污水处理的研究；碳、氧调控下湿地脱氮效果的研究；湿地系统反应动力学及水流流态研究。

（2）2012—2016 年工艺强化和广泛应用阶段。该阶段突现关键词包含"潮汐流""去除率"和"农村生活污水"。该阶段研究热点中出现了新的人工湿地类型，潮汐流人工湿地采用间歇性快速进水排水的方式增加内部环境的溶解氧，加强了微生物的代谢能力，进而提高除污率，表明在该阶段国内学者已基本了解人工湿地的除污机理主要在于微生物，并基于这些理论着重提升微生物的代谢能力。此外，学者们在除污机理的基础上，通过开发高性能填料和耦合新工艺等方法来提升人工湿地对污染物的去除率。人工湿地在应用范围上也进一步扩大，如在农村等偏远地区应用人工湿地处理污水等。

（3）2016 年以来，成熟发展和新方向涌现阶段，人工湿地在深入研究"水力停留时间"的同时，开始与其他领域产生交叉，新兴研究热点在该阶段突增。人工湿地领域新增了研究手段——"微生物群落（即利用基因测序等技术从微观角度展开对微生物的相关研究）"、基质材料——"生物炭"、去除对象——"重金属"、应用领域——"海绵城市"和"污水处理厂尾水"。目前已进入成熟阶段，但占地面积大仍是人工湿地技术在推广中遇到的主要问题，研究水力停留时间可以在提高水质净化效果、提高污染物和水力负荷的同时，减小人工湿地的占地面积，有利于人工湿地的进一步推广。随着微生物学和基因组学等学科的快速发展，学者们通过研究菌群的结构、代谢特性和功能多样性等，从微观角度完善除污机理并强化除污效率。生物炭相比传统基质具有更好的吸附污染物能力和更多附着的微生物，因此学者们开展了大量关于生物炭基质对人工湿地处理效果、微生物群落代谢和温室气体排放影响的研究。长期应用发现，人工湿地在处理污水的同时，还可以满足"海绵城市"的四类控制目标，但雨水径流控制还需区别于污水处理，目前学者们正在研究如何依据侧重点设计适合海绵城市的人工湿地。

通过上述结果发现，2000 年以来，人工湿地技术的应用范围逐渐深入，未来国内人工湿地将广泛用作城市污水处理厂尾水进入自然河道前的生态缓冲。人工湿地研究经历了从探索除污机理到强化除污效果的阶段，目前国内外学者们结合分子生物学等领域来优化研究手段，从微观角度进一步完善除污机理，并基于新的除污机理强化人工湿地对传统污染物和新兴污染物的去除效果。"微生物群落"和"微生物燃料电池"分别是国内外现阶段突现强度最高的关键词，未来几年将持续是人工湿地领域的研究热点；人工湿地技术目前已与多个领域交叉产生新的研究热点，未来有望与更多领域结合，例如结合大数据和人工智能等新兴技术手段建立数字预测模型。

## 1.6　本　章　小　结

（1）2000—2021 年国外人工湿地领域的年发文量呈快速增长趋势，国内人工湿地研究起步晚但发展迅速，目前在 WoS 核心合集数据库中，中国学者发表的英文文献已居世界首位。

（2）中国科学院大学是人工湿地研究领域国内外发文量最多的机构。国外人工湿地领域发文最多的期刊是 *Ecological Engineering*，国内发表最多的期刊是《环境科学》。国外发表有关人工湿地研究文献最多的作者是 Garcia，国内发表最多的作者是吴振斌。

（3）国外人工湿地领域的主要研究方向在传统研究的基础上还关注到了耦合微生物燃料电池技术与个人护理品等新兴污染物的去除等；国内人工湿地领域的主要研究方向围绕除污机理、除污效能、除污对象及其应用化 4 大类展开。

（4）人工湿地技术已进入成熟阶段，应用范围进一步扩宽，并与多领域产生交叉。未来人工湿地将广泛应用于包括城镇污水处理厂尾水在内的低污染水处理；利用基因测序技术从微观角度研究人工湿地和人工湿地-微生物燃料电池耦合技术将是近年人工湿地领域的研究热点；未来人工湿地有望与更多新兴领域结合。

# 第 2 章　发展视角下尾水型人工湿地
# 处理技术研究动态分析

## 2.1　人工湿地技术发展历程

　　人工湿地起源于国外，最早可追溯至 1903 年英国约克郡 Earby 的人工湿地，但彼时人工湿地还尚未引起人们的重视。20 世纪 50 年代，德国率先开展人工湿地的研究，并于 1974 年在西德建成第一座真正完整的人工湿地系统。20 世纪七八十年代 Seidel 提出的根区理论，极大地推动了人工湿地的大规模研究和在世界各地的发展应用。

　　相较于西方国家，我国对于人工湿地的研究起步相对较晚，始于 20 世纪 80 年代，"七五"期间开始了对于人工湿地的实验研究，并先后在上海、天津、北京、成都和深圳等地建设了人工湿地污水处理工程，在工艺特征、技术要点和工程参数等方面取得了一批研究成果。进入 21 世纪，对人工湿地的研究及应用进入了迅猛发展阶段。随着对其机理的不断深入掌握，人工湿地的研究和应用领域都不断扩大。截至 2020 年，我国报道可查的人工湿地数量超过 1171 个，人工湿地总数预计超过 3000 个。生态环境部也在 2021 年印发了《人工湿地水质净化技术指南》。

　　随着人工湿地技术的不断发展，人工湿地的形式也在不断创新，由最初的简单的水平、垂直流人工湿地发展出新的形式，例如复合流人工湿地、上向流人工湿地、折板流人工湿地、人工增氧型人工湿地、微生物燃料电池耦合人工湿地、固定化微生物人工湿地、电极强化人工湿地和铁碳内电解耦合人工湿地等。

　　同时，人工湿地去除的污染物类型也从传统的 COD、TP、TN 等不断拓展以适应不断涌现的新兴污染物，包括 PPCPs、重金属等，处理的污水类型也不断增多，包括牛奶厂废水、养猪废水、制革废水、石油化工废水和垃圾渗滤液等。

## 2.2　人工湿地技术除污机理

　　人工湿地是由人为建造，模拟自然湿地的系统，目前普遍认为，其依靠基质—植物—微生物三者所带来的物理、化学、生物的三重协同作用，共同达到对污水的净化处理效果。其各部分的主要作用如图 2 - 1 所示。

### 2.2.1　人工湿地中氮的去除

　　污水中的氮素污染物，是造成水体富营养化的重要因素，对污水中的氮污染物进行有效处理控制，是缓解地表水体污染，改善水生态环境的重要手段之一。人工湿地能够对各

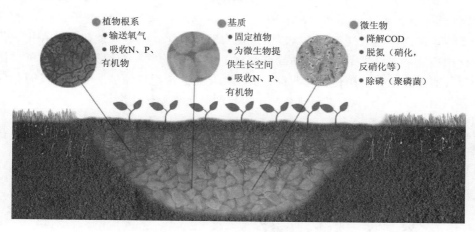

图 2-1　人工湿地污染物去除原理

种污染物实现有效去除，因此也常被用来处理氮超标的污水，以实现对水环境的保护。

　　人工湿地中氮的主要存在形式包括有机氮、氮气、氧化氮、氧化亚氮、氨气、氨氮、亚硝氮、硝氮等形式。植物、基质、微生物作为人工湿地的三大核心要素，共同发挥作用以实现人工湿地中氮的去除。

　　植物可以直接吸收铵盐及硝态氮等用于自身生长发育，最终以收割的方式实现氮素的去除；植物还会通过根系泌氧改变微生物环境使得微生物群落变化，从而影响脱氮；许多植物根系能够分泌各种无机离子及有机化合物等，其中的有机化合物可以作为人工湿地系统的重要碳源之一，为包括脱氮微生物在内的各种微生物利用，最终影响脱氮效果；植物发达的根系带来的巨大表面积为人工湿地系统中包括氮去除相关微生物提供有利的附着场所，最终能够实现系统对氮素去除能力的提高。

　　基质对氮素的直接去除作用主要是通过物理吸附作用以及离子交换作用实现的，物理吸附常作用于含氮的悬浮颗粒物质，利用分子间作用力和静电引力实现吸附去除，而离子交换作用则主要是通过填料表面的官能团或较强流动性的阳离子实现的；但这种直接去除作用通常是快速可逆的，无法保证长期效果，因此基质的主要功能还是作为湿地系统中微生物的载体影响其群落特征及代谢过程，从而改变氮的去除情况。

　　结合大量研究结果可以看出，各类微生物过程才是实现人工湿地中氮去除的主要途径。人工湿地中微生物的脱氮路径则包括常规硝化反硝化（ND）、自养反硝化（AD）、硝酸盐异化还原为铵（DNRA）、同时硝化反硝化（SND）、短程硝化反硝化（PND）、厌氧氨氧化（Anammox）、全程自养脱氮（CANON）部分反硝化/厌氧氨氧化（PD/A）等。这其中，最为常见的便是硝化反硝化过程。

　　硝化是指氧气充足的条件下，硝化细菌将氨氮氧化生成硝酸根及亚硝酸根的过程；紧接着在碳源充足的情况下，反硝化细菌将有机碳作为电子供体，硝酸根作为电子受体，在缺氧/厌氧条件下产生氮气从而实现反硝化过程，最终完成人工湿地中氮的去除。由于国内许多污染水体常常存在着碳源不足的问题，因此，利用各种无机电子供体替代碳源实现自养反硝化并提高脱氮效率逐渐引起人们关注，部分无机化能营养型或光能营养型细菌在缺氧/厌氧条件下利用还原态硫（$S^0$、$SO_3^{2-}$、$S_2O_3^{2-}$、$S^{2-}$ 等）作为电子供体，硝酸根作为电子受体，最终产生氮气和硫酸盐以实现硫自养反硝化；一些光能营养型和化能营养型的反硝化细菌能够在厌氧条件下将铁或亚铁离子作为电子供体，硝酸根作为电子受体，最终产生氮气实现铁自养反硝化。这两类自养反硝化是人工湿地领域关于自养反硝化的常见研究内容。图 2-2 列出了人工湿地系统中主要的微生物氮转化途径。

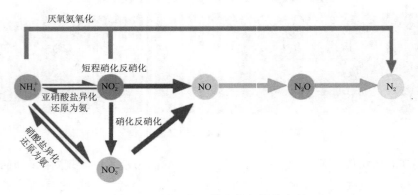

图 2-2　人工湿地微生物氮转化途径

## 2.2.2　人工湿地生物脱氮主要因素

人工湿地的脱氮过程受到许多因素的影响，包括 pH、温度、碳氮比、氧气（DO）等环境因素，水力负荷、污染负荷、比表面积、植物配置、基质配置等设计因素。各类设计因素通常也是通过影响各种环境因素，从而影响湿地系统中的微生物等发挥作用，最终影响湿地的处理效果。因此监测并分析各类环境因素的变化对人工湿地的影响，寻求适宜的优化措施，对于提高人工湿地系统对氮污染物的处理效果有重大意义。

pH 的变化与微生物的活性息息相关。微生物的硝化过程能够产生氢离子，消耗碱度；而微生物的反硝化既有能够产生碱度的异养反硝化过程，又有会消耗碱度的自养反硝化过程。因此微生物的硝化反硝化过程往往伴随着 pH 的变化，当 pH 变化超过一定限度时，人工湿地系统的脱氮效果便会受到影响。硝化菌的最佳生存环境 pH 为 7.0～8.0，反硝化菌的最佳生存环境 pH 为 6.0～8.0，氨氧化过程则适宜在 pH 为 7.5～8.5 的环境下发生。脱氮过程通常在 pH 处于 7.0～7.5 范围内时，效果较好；pH 若大于 8 或小于6，反硝化作用开始受到抑制；当 pH≤5 时，反硝化活性显著降低；待 pH 进一步降低至4 及以下时，反硝化作用便极其微小甚至会消失。

温度常常和季节的变化有关，人工湿地的脱氮效果在不同温度（季节）下，会有不同的变化。温度的变化一方面影响湿地中植物的生长状况而间接对脱氮产生影响，另一方面也会直接对湿地系统中的微生物产生影响从而改变脱氮状况。通常来讲，较高的温度能够带来较大的微生物及植物活性和生长速率，此时微生物的高效活动促进反硝化脱氮，而植物的旺盛生长也能够促进其对含氮污染物的吸收利用，最终使得脱氮效果得到提升；较低的温度下，微生物活性受到抑制，相应的具有脱氮功能的微生物效率也会降低，同时伴随着低温下湿地植物的生长停滞及收割，对含氮污染物的吸收利用也就此减少，甚至可能因为植物的凋零而向湿地中释放氮，这都会使得低温下湿地脱氮效果不佳。有研究表明，硝化菌适宜生长温度为 $28\sim36℃$，氨氧化菌则适宜生长在 $40℃$ 左右环境下，亚硝化菌在 $25℃$ 条件下生长最佳，而反硝化菌则能够耐受较高温度，即使 $60\sim75℃$ 仍有活性；而当温度降至 $6℃$ 左右时，硝化作用显著降低，进一步降低至 $4℃$ 时，趋于停止。因此，在温度较为适宜的春夏两季，湿地的脱氮效果往往维持较佳，而到了低温的冬季脱氮效果常常变得低下。

碳氮比（C/N）通常指的是人工湿地所处理的污水中 COD（或 BOD）与 TN 的比值，微生物的反硝化作用受到该因素的显著影响。不同碳氮比下，人工湿地对于 TN 的去除效果往往不同，碳氮比在一定范围内，通常越高的碳氮比，能带来越好的脱氮效果。对于一般的异养反硝化过程，有机碳源往往充当着电子供体的角色，因此为了改善低碳氮比造成的较差的脱氮效果，向人工湿地中添加外加碳源成为许多研究的热点，诸如植物发酵液、植物凋零物、污泥等都取得了良好的脱氮效果。而对于不依靠有机碳源的各类自养反硝化，也有借助外加硫源或铁源等作为电子供体的研究，同样使得人工湿地的脱氮效果得到了提升。

氧气（DO）对于人工湿地中各类污染物的去除都有一定影响，对于氮的去除影响显著。当 DO 浓度较小时，硝化作用会受到抑制，氨氮的去除会变得难以进行，同时后续的反硝化也会因为底物不足而受到抑制；但过高的 DO 又会使得反硝化作用受到负面影响，从而带来硝酸盐或亚硝酸盐的积累，以及氧化亚氮等温室气体的排放增加。针对以上复杂的氧环境需求，通过引入曝气、改变基质配比、采用潮汐流运行等新的手段来满足人工湿地中 DO 的不同需求，受到了广泛研究与关注。

## 2.3　人工湿地处理系统的类型及特点

人工湿地有多种分类方式，最常见的是根据其水流方式不同，分为表面流人工湿地及潜流人工湿地，而潜流人工湿地又可进一步划分为水平潜流和垂直潜流人工湿地。表 2-1 为 3 种类型的人工湿地在结构特点、水力负荷、占地面积、建设成本和运行维护等方面的比较。

**表 2-1**　　　　　　　　　　　　人工湿地分类及主要特点

| 类　　型 | | 结 构 特 点 | 水力负荷 | 占地面积 | 受气候影响程度 | 建设成本 | 运行维护 | 使 用 场 合 |
|---|---|---|---|---|---|---|---|---|
| 表面流人工湿地 | | 水在基质之上流动，水流流态单一 | 较低 | 大 | 较大 | 较低 | 较简单 | 地表径流、农村生活污水处理等 |
| 潜流人工湿地 | 水平流 | 水流在基质下水平流动，流态较为复杂 | 较高 | 较大 | 较小 | 较高 | 较复杂 | 污水的二级处理 |
| | 垂直流 | 水流垂直流过基质，水流流态较复杂 | 高 | 较小 | 较小 | 较高 | 较复杂 | 处理氨氮含量较高的污水 |

从表 2-1 中可以看出，表面流人工湿地的水力负荷相对较小，占地面积通常超过潜流人工湿地，这使其在土地资源紧张的我国很难大规模应用，而在北美洲、大洋洲、欧洲

等地比较流行。水平流人工湿地对于有机物和硝态氮等有着较好的去除效果。同时由于其相较于表面流人工湿地有着更强的负荷能力，也使得其在我国成为了人工湿地类工程的主要选择。垂直流人工湿地虽对氮类营养物质有较好的去除效果，但由于此类人工湿地的运行和维护成本相较水平潜流人工湿地更高一些，因此其在国内的推广和应用也不及水平潜流人工湿地。

随着人工湿地技术的不断发展，其新的形式也在不断涌现，例如复合流人工湿地、上向流人工湿地、折板流人工湿地、人工增氧型人工湿地、微生物燃料电池耦合人工湿地、固定化微生物人工湿地、电极强化人工湿地和铁碳内电解耦合人工湿地等。

## 2.4　人工湿地技术在城镇污水厂尾水处理中的应用

### 2.4.1　人工湿地处理城镇污水厂尾水的适宜性

结合城镇污水处理厂尾水的特点，以及人工湿地本身的优点（低建设成本、低运行维护费用、良好抗冲击负荷能力、污泥的产量小等），运用人工湿地技术处理污水厂尾水，不仅能够更好地保护环境，且具有高度的适宜性。

（1）建设运行费用较低。我国人口数量庞大，经济社会快速发展，城镇化水平不断提高，对水资源的需求量居高不下，生活污水和工业废水排放量也不断增长。为保护地表水生态环境和有效利用污水厂尾水资源，需对污水处理厂尾水进行深度净化，寻求建设运行费用较低，环境和社会效益俱佳的水处理技术将是必然的选择。人工湿地技术以其较低的建设投资和低运行费用受到广泛的关注。相关研究表明，污水处理厂（WTP）单位面积的建设投资要远高于人工湿地（CW），而就单位污染物的去除成本来讲，WTP 在氨氮、COD 和 TP 三种主要污染物上分别达到 CW 的 3.8 倍、4.6 倍、15.4 倍；人工湿地技术相较于传统活性污泥工艺，不论是建设成本还是运行成本都较低；冬季强化人工湿地系统与传统生化工艺相比，其投资费用和运行成本亦低于一般生物处理工艺。

（2）维护管理方便。在我国农村等广大的欠发达地区，污水处理设施往往不完善，处理工艺出水所达到的水质往往也不满足相关排放标准，再加上相对落后的经济发展水平，相对缺乏的专业管理人员，意味着这些地区亟须一种建设成本低，运行管理维护方便的污水处理技术，人工湿地恰恰具有这些优点。

（3）有利于氮磷等营养物质的去除。城镇污水处理厂尾水若其未经深度处理后直接排入地表水体，其含有的氮磷营养物质长期的积累必定会造成水体富营养化等问题，从而威胁到当地水生态环境。同时尾水中的低碳氮比现象，往往使得传统的污水处理技术难以进一步发挥作用。而人工湿地在处理这类污水时往往具有一定的优势：人工湿地的基质种类繁多，可以选择特定的基质，提高其氮磷的吸附去除能力，一定程度降低氮磷等物质的含量；在面对尾水这种碳氮比较低的水源时，人工湿地可以通过添加新型的固体碳源，以低于传统液态碳源成本且更加环保的方式达到提高水中碳氮比的目的，从而提高氮的反硝化去除效果；水平潜流人工湿地及上向流垂直流人工湿地往往以厌氧或缺氧环境为主，而下向流垂直流人工湿地则往往可以维持较高的氧传输效果，将两种人工湿地合理地组合，可以为硝化反硝化的进行提供良好的条件，有利于氮的去除；人工湿地往往配置有各类植物，植物对于氮磷元素有着一定的吸收作用，合理地对湿地植物进行收割维护，对氮磷物质的去除有着积极作用。

（4）有利于难降解物质的去除。传统的污水生物处理技术已经很难对污水厂尾水中的难降解有机物进一步去除。人工湿地对于污染物的去除是通过基质—植物—微生物三者的协同作用实现的。进入湿地的废水中若含有难以降解的有机物，则基质和植物可以通过吸附和截留作用将此类有机物捕获，然后通过微生物的长时间分解作用，实现对其的降解去除。桂召龙等运用水平潜流人工湿地对采油废水进行了处理，发现芦苇及藨草对难降解有机物有着一定的吸附能力；李杰等运用中试规模的水平潜流人工湿地对某大型钢厂焦化废水经二级生化处理后的外排废水进行了处理，发现其中的难降解有机物得到了有效的去除；Ji 等利用中试规模的潜流人工湿地对含有大量溶解性难降解有机物的稠油采出水进行了处理，获得了良好的去除效果；Masi 等研究了复合人工湿地对于 EDCs（内分泌干扰物）这类难降解有机物的去除效果，获得了很高的去除效率。研究结果表明，人工湿地技术对于难降解有机物有着良好的处理效果。

（5）有良好的抗冲击负荷能力。污水处理厂的尾水属于低污染水，还存在着水质波动性较大的特点，其水质往往会随着地理位置和处理工艺等的不同而差异较大。这便要求对尾水的处理工艺，需要具有较强的抗冲击负荷能力。人工湿地对污染物的去除存在多种代谢路径，且参与反应的微生物的种群结构和优势菌种的丰度多样性，使得人工湿地，尤其是不同类型人工湿地的组合，往往会具有较好的稳定性，能够抵抗负荷变化所带来的冲击。崔理华等研究了两种类型的复合人工湿地系统对东莞运河水的处理效果，发现其在面对波动的水质时，仍能保持较为稳定的总体去除效果；Langergraber 等研究了单级垂直流人工湿地和两级垂直流人工湿地在不同负荷下的运行，发现两者均可以维持较为稳定的处理效果，且两级垂直流人工湿地的稳定性更佳；Saeed 等将垂直流人工湿地和水平潜流人工湿地组成复合的实验室小试规模的系统，对进水污染物浓度和水力负荷均变化很大的纺织废水进行了处理，展现出了稳定的去除效果。

（6）有良好的景观效应。尾水人工湿地除了具有对污水处理厂尾水进行深度净化的作用之外，还具有景观营造的重要作用。当对尾水进行处理时，往往意味着是在已有的污水处理厂基础上进行扩建或改建，当新的场地被用于开发污水处理设施时，传统的处理技术往往会对周围生态环境等造成一定的影响，因此，应当尽量选择一种极具景观效应的工艺用作扩建，以求一定程度上改善这种情况。人工湿地往往可以通过合理的规划，植物的配置类似湿地公园一类的自然风景，一方面可以提高城市的绿化水平，另一方面还可以为人民群众提供休闲娱乐的场所。王志勇等对某高校人工湿地进行了效绩评价，发现该人工湿地为当地校园师生提供了很好的休憩，视觉景观服务，得到了大部分使用者的认可；吴振斌等对北京奥林匹克森林公园人工湿地系统进行了跟踪调查，发现该系统不仅有效改善了公园内的水质，同时还为周围市民提供了极佳的休憩环境；Brix 等曾研究了泰国南部某岛屿的人工湿地，由于该湿地位于市中心，因此创意性地将其设计成了一只蝴蝶的形状，在获得良好处理效果的同时，也带来了良好的景观效应。

## 2.4.2  尾水型人工湿地技术研究现状

尾水中存在着的有机物浓度与 C/N 较低的水质特征，限制了其对氮磷等污染物的高效去除，使得尾水在回用于生态补水、景观用水等方面仍存在一定的环境风险。因此，研究人员从基质改良、微生物强化、水生植物选配、池体构型优化和与微生物电化学技术联用等方面入手进行了大量的研究，有力地推动了尾水人工湿地技术的进一步发展和工程化应用。

（1）尾水人工湿地基质研究。在尾水人工湿地的基质层装填比表面积较大的填料，通过掺混一定比例的固体碳源、铁、硫等功能性填料，可以增强异养反硝化微生物的代谢活性和创造适宜自养反硝化微生物生存的环境条件，有利于实现尾水的深度脱氮除磷。冯牧雨利用添加海绵铁的折流板潜流人工湿地处理城市污水厂尾水，发现在尾水波动及低 C/N 的条件下都维持了较高的氮去除率，且海绵铁的添加似乎还有利于磷的去除，推测装置中可能出现了零价铁介入的微生物自养反硝化过程。孙亚平等以生物炭和活性炭添加作为垂直流人工湿地的基质改良手段，研究其在不同水力负荷下的污染物去除效果，结果表明，TN、TP、$NH_4^+-N$、COD 及 $NO_3^--N$ 的去除效果在不同水力负荷运行下均有不同程度的提高。张国珍等向人工湿地中投加废砖基质，其为系统微生物生长提供了更多的附着空间，促进了湿地植物的生长，最终提高了尾水中污染物的去除效果。宋孟对比了硫磺添加前后水平潜流人工湿地对于尾水去除效果的不同，实验表明，硫磺的添加使得系统培养出更多的硫自养反硝化菌，从而增强了系统的脱氮能力以及对于低温的适应能力。

现有研究表明，尾水人工湿地基质层填料的选择和改良有利于生物膜的附着生长，有利于碳氧调控下人工湿地净化功能的优化及微生物响应，有利于强化微生物介导的人工湿地碳氮硫磷循环转化耦合作用。

（2）尾水人工湿地微生物研究。人工湿地基质层生物膜性状的好坏直接影响污染物的生化降解效果。构建适宜优势微生物生长的环境，有利于提高微生物的代谢活性，实现对有机物、氮、磷等污染物的高效去除。

通过改变尾水人工湿地自身条件提高整体处理效果后，进一步对微生物进行检测观察其在群落结构、多样性、优势菌种等方面的差异以解释这种处理效果变化的内在机理，例如在添加硫基质、铁基质的尾水人工湿地中检测微生物，便发现了常规异养反硝化菌属出现了差异，以及出现了不同于常规反硝化的其他类型的反硝化菌属，一定程度上解释了脱氮效果提升的原因。在利用内电解人工湿地技术强化尾水人工湿地处理效果的研究中，也发现内电解强化了微生物的脱氮性能。对比种植不同植物类型的尾水人工湿地处理效果，同时检测其微生物层面，尤其是不同植物根系微生物群落的差异，往往也会发现脱氮相关菌属的差异。

通过改变尾水人工湿地运行参数（C/N 值、DO、温度、进水污染物浓度等），在获取最佳运行参数的同时，检测不同运行参数的改变对微生物群落可能带来的影响。白雪原的研究发现 C/N 值会对微生物群落中的优势菌群相对丰度产生影响，较高的 C/N 值能一定程度上提高部分反硝化菌属的丰度，或检测哪种运行参数对微生物群落的变化有着更为显著的影响；隗岚琳等观察湿地基质中微生物群落结构在时间空间上的变化以及其与主要水质指标之间关系时，发现 DO、COD 是影响微生物群落结构的主要因子，而氮含量则在一定程度上影响着脱氮微生物的活跃度。

通过向尾水人工湿地中直接投加某类菌种从而直接强化湿地的去除效果。吴涛通过向湿地中接种丛枝菌根真菌（AMF）提高了其对尾水中粪大肠菌群的处理效果。黄大海通过向湿地中投加好氧反硝化菌 $Achromobacter\ sp.\ H21$ 提高了对尾水中 TN、$NO_3^- - N$ 的去除效果，并使得湿地的抗冲击负荷能力有了一定的提高。

基于高通量测序分子生物学手段，通过对湿地中微生物群落结构、多样性、功能基因等的研究，加深对湿地中碳氮等循环机理的认知，从而强化污水中相关污染物的去除效能，已成为当前尾水人工湿地技术极其重要的研究内容之一。

（3）尾水人工湿地植物研究。人工湿地的水生植物在提供较高的景观价值的同时，能通过根系吸收和根区微生物的降解等作用提高尾水水质净化效果。陈嗣威等用西伯利亚鸢尾、石菖蒲、再力花分别与粉绿狐尾藻形成组合，种植于人工湿地中，发现狐尾藻＋西伯利亚鸢尾的组合取得了最佳的 TN、TP、$NO_3^- - N$ 去除效果，但高通量测序结果则表明狐尾藻＋石菖蒲的组合根系有着最高的反硝化菌属和脱磷菌属相对丰度，这说明植物吸收作用去除尾水中营养盐的作用占比可能大于植物根系微生物的去除作用。邵捷在处理农村生活污水尾水的人工湿地中种植不同的蔬菜，发现种植不同的蔬菜对污染物有着不同的处理效果，通过其组合种植及轮流收割可以保障湿地系统的出水稳定性，并且蔬菜的收割可以为人工湿地带来额外的经济效益。岑璐瑶等构建五种不同单一植物类型的尾水人工湿地，发现不同指标在不同季节有着不同的最佳处理植物，建议在面临不同指标要求、不同季节情况时，可以搭配种植不同类型的植物以保证处理效果。张晓一等对比了菖蒲型表流人工湿地和复合型生态床对模拟污水厂尾水的净化效果，发现表流湿地有更强的季节变化适应性，对低污染水处理效果更佳，且高通量测序结果表明湿地中的反硝化菌相对丰度更高，代表着更强的脱氮性能。

综上，由于植物本身具有吸收水体中氮磷等污染物的能力，且植物根系具有一定的泌氧能力，因此植物的种植必然能够在一定程度上提高尾水人工湿地的处理效果。通常来讲，潜流人工湿地对于污染物的去除主要依靠基质及其上吸附的微生物，植物的种植往往不会对其效果带来太大的改变。但部分尾水人工湿地会采用表流形式，此时尾水中的污染物便主要依靠植物的相关作用进行去除，因而考虑种植不同类型的植物组合就变得十分重要。

（4）尾水人工湿地构造改变研究。鉴于常规构型及单一类型的人工湿地，在运行过程中，存在着诸如短流、死区等不利的水力学现象，一方面影响湿地整体的利用率，可能使得本就占地面积较大的湿地更加臃肿，另一方面也会降低其处理效果。因此，在当前的尾水人工湿地技术研究中，往往会通过折流等方式改善尾水人工湿地的水力学条件，以达到缩小死区范围、减少短流、提高容积利用率和水力效率等目的。殷楠等对比了水平潜流湿地装置有无折流板情况下的水力学参数状况，发现四廊道上下折流人工湿地模拟装置的死区明显较无折板减少；宋新山等也发现波流式人工湿地较一般水平流式湿地拥有着更高的水力效率和更低的短路值。而为了保证尾水人工湿地的去除效果，时常会选择对不同类型人工湿地进行组合使用（复合流人工湿地、多级串联人工湿地等）。

（5）尾水人工湿地与电化学技术联用研究。微生物电化学技术（MET）较传统污水处理技术拥有着污泥产率低、运行过程中能量自给、电流提高污染物去除效能等优点，在处理以低碳氮比为主要特点的尾水时有着减少碳源投加量、进一步提高有机物及氮污染物去除效果的潜力。将电化学技术（微生物燃料电池、电解技术为主）与人工湿地相结合，已成为尾水人工湿地应用领域的研究热点。管凛等利用人工湿地-微生物燃料电池工艺（CW-MFCs）处理城市污水厂尾水，达到了强化脱氮的目的，并出现了稳定的产电平台，进一步研究可考虑对产生的电能加以利用。徐凤英探究了电解-人工湿地耦合处理系统对 $SO_4^{2-}$ 含量较高的污水厂尾水的脱氮状况，由于进水中的硫源以及电解系统的耦合作用，装置发生了 S 驱动的自养反硝化还原 $NO_3^-$，因此提高了脱氮效果。郑晓英等构建铁炭内电解垂直流人工湿地（ICIE-VFCW）处理 TN 含量高、微生物可利用碳源低的污水厂尾水，结果表明内电解促进了尾水中大分子有机物的分解，提高了尾水的可生化性，为微生物提供了更多可利用碳源，从而提高 COD 以及氮去除效果。而在另一则报道中，对内电解人工湿地的微生物特性进行了分析，结果表明内电解人工湿地具有更强的微生物活性、更高的微生物多样性，这使得内电解人工湿地的脱氮微生物更能发挥作用，从而带来更高的脱氮效率。

电化学技术在尾水人工湿地中的应用，使得尾水处理过程中电子传输效率提高，电子利用率提高，令在尾水中本不充足的碳源以及难以降解的大分子有机物在一定程度上得到利用，可以同时起到提高 COD 去除和 N 去除的效果。但是，即使尾水在电化学的作用下可生化性进一步提高，其电子供体依旧可能不足，因此，该类技术时常还伴随着其他额外电子供体的引入（改变基质、改变进水等），从而使得脱氮效率得到保障。

### 2.4.3　尾水型人工湿地的实际应用

近年来，城镇污水处理厂尾水人工湿地在全国各地得到了大量的应用。几项典型工程案例的基本情况统计见表 2-2。从表 2-2 中可知，工程最大处理规模达到 $133000\,\mathrm{m^3/d}$，除了无锡市某污水厂内的尾水生态净化系统采用了单一的表面流人工湿地处理工艺，其余工程的主工艺均采用垂直潜流人工湿地或多级复合潜流人工湿地处理工艺；并且，很多工艺还将人工湿地与其他类型的生物强化处理措施相结合，以更好地满足出水指标的要求。

表 2-2　　　　　　　城镇污水处理厂尾水人工湿地工程案例基本情况统计

| 工程地点 | 处理规模 /(m³/d) | 占地面积 /m² | 水力停留 时间/h | 处　理　工　艺 |
|---|---|---|---|---|
| 河南许昌 | 24200 | 46072 | 22.6 | 复合垂直流人工湿地 |
| | 5800 | 10907 | 22.6 | 垂直流人工湿地 |
| 浙江临安 | 60000 | 79950 | 36 | 强化生物膜+有毒物质去除+营养物质强化去除+生态塘+自动水环境净化+生态滤池 |
| 江苏无锡 | 8000 | 9600 | 12 | 不同植物组合的表面流人工湿地 |
| 河南长葛 | 60000 | 147000 | 34.3 | 微曝气垂直潜流人工湿地+水平潜流人工湿地+表面流人工湿地 |
| 江苏宜兴 | 5000 | 24000 | 32.7 | 多层介质潜流单元+折流式潜流单元+底部导流潜流单元+表流湿地单元 |

续表

| 工程地点 | 处理规模/(m³/d) | 占地面积/m² | 水力停留时间/h | 处 理 工 艺 |
|---|---|---|---|---|
| 江苏南京 | 1200 | 1800 | 23 | 浅池单元＋双向横流过滤单元＋折流式潜流湿地单元＋水平潜流湿地单元＋表流湿地单元 |
| 江苏无锡 | 2000 | 4545 | 45.7 | 曝气生物强化氧化池＋三级表流人工湿地＋两级垂直升流潜流人工湿地＋生物稳定塘 |
| 广东深圳 | 20000 | 35200 | 31 | 生态氧化池＋生态砾石床＋垂直流人工湿地 |
| 广东东莞 | 100000 | 178125 | 27 | 生态氧化池＋垂直流人工湿地 |
| 广东深圳 | 1000 | 9650 | 273.4 | 垂直流人工湿地＋三级生态塘 |
| 长江经济带 | 133000 | 220000 | 14.5 | 四级生态渠＋表流湿地＋沉睡植物区 |
| 广东深圳 | 4000.0 | 3730 | 25.7 | 二级垂直流人工湿地＋臭氧灭藻系统 |
| 江苏无锡 | 1200.0 | 4420 | 6.5 | 生态塘＋浅水型植物湿地＋深水型植物湿地 |
| 安徽巢湖 | 1500.0 | 4440 | 30.8 | 水平潜流＋水平表流人工湿地组合工艺 |
| 四川内江 | 150.0 | 2838 | 72.0 | 水平潜流湿地＋表流湿地 |

这些人工湿地工程对城镇污水处理厂尾水的深度处理效果良好。其中，多项尾水人工湿地工程的出水水质达到地表水Ⅳ类标准或稳定达到地表水Ⅳ类标准，有1项甚至达到了地表水Ⅲ类标准，这可能与其处理的原水水质密切相关。

# 2.5　外加电子供体强化尾水型人工湿地脱氮技术

尽管人工湿地技术已在城镇污水处理厂的尾水的处理中有了一定的应用，但由于城镇污水处理厂尾水具有低碳氮比且 TN（硝氮）为主要污染物的特点，在利用人工湿地对其进行处理时，会由于电子供体不足，使得反硝化的进行受到限制，进而降低了系统的脱氮效率。向人工湿地中投加微生物反硝化所需的电子供体，成为了提高系统反硝化能力的重要手段。

微生物的反硝化可分为异养和自养两种类型，二者分别会利用有机碳源和无机电子供体完成反硝化脱氮。因此，向人工湿地中投加的电子供体也可分为有机碳源和无机电子供体两大类。

## 2.5.1　有机电子供体强化脱氮

传统有机碳源如甲醇、乙酸、葡萄糖等水溶性碳源，虽然能够有效提高低碳氮比废水的处理效果，但却往往存在着运输不便、成本偏高、投加量不易控制、可能产生二次污染等问题。

因此，人工湿地中通常会使用固体碳源作为外加碳源来提高脱氮效果，此类碳源包括可生物降解聚合物，或天然植物类物质。可生物降解的聚合物类碳源常见 PLA（聚乳酸）、PHBV（聚 β-羟基丁酸戊酸酯）、PHB（聚 β-羟基丁酸）、PCL（聚己内酯）等，当以此类物质作为外加碳源添加入人工湿地基质中时，通常能够起到有效地改善脱氮效率的作用，但此类碳源往往需要较高的成本，使得其推广受到阻碍。天然植物类物质包括木屑、植物秸秆、植物凋落物、玉米芯、稻壳等，其具有成本低廉、取材方便、来源广泛、碳释放缓慢持久等特点；但往往会在使用初期释放一定量的氮磷等污染物，部分出水初期还会伴有色度，不过大量研究表明其在经过简单的预处理后（酸改性、碱改性、高温处理等），可降解性进一步增强，上述的问题也能得到一定程度的缓解，这都使得天然植物类碳源有着巨大的推广应用潜力。

## 2.5.2　无机电子供体强化脱氮

除了利用有机碳源促进异养反硝化来提升脱氮效果外，引入还原性的无机电子供体促进自养反硝化同样可以起到强化人工湿地系统脱氮的效果。自养反硝化因其不需要额外的有机物投入，往往具有原料成本低、污泥产量小、运行能耗低等优势。常见的无机电子供体包括氢气、还原性含铁物质、还原性硫单质或硫化物等，且缺氧或厌氧的条件更有利于其发生。

作为清洁能源的氢气是热力学上最有利于反硝化的电子供体，且其产物造成二次污染的风险也较小。但由于其水溶性较差，成本较高，还存在着安全隐患，技术尚且不成熟，将其应用于人工湿地的研究也鲜有报道。

还原性铁的投加主要用于促进铁自养反硝化，其形式包括铁片、铁屑、纳米零价铁、海绵铁等。主要利用的是含铁物质中释放出的亚铁离子，在周围环境满足一定条件后，将亚铁离子作为电子供体，硝氮或亚硝氮成为电子受体，实现铁氧化与脱氮的同步进行。许多研究证明铁自养反硝化人工湿地在处理低 C/N 值废水时可以起到有效的脱氮效果，且进一步分析还发现此类湿地中富集了更高丰度的自养反硝化菌和相关脱氮基因。但其可能也存在着反硝化效率较低的缺点，其机理仍需进一步研究。

厌氧条件下，利用还原态的硫作为电子供体，硝酸根作为电子受体，通过无机化能营养型或光能营养型的微生物，将氮和硫元素最终转化为氮气和硫酸盐，实现脱氮效果。还原性硫源的主要形式包括硫单质、硫磺、硫铁矿等。较为常见的是以硫单质作为人工湿地的硫源填料，其具有成本低、无毒性、稳定等优势，但其低溶解度可能成为限制自养反硝化的一大因素，研究人员通过进一步颗粒化硫源提高其比表面积缓解了这一问题；此外，硫单质驱动的硫氧化反硝化往往伴随着酸的产生，所以为了维持 pH 的稳定性，常常将石灰石与其进行联用。

无论是由有机碳源驱动的常见的异养反硝化，还是需要特殊无机电子供体驱动的各类其他反硝化，其都存在着各自的优缺点。例如异养反硝化可能因为其他类型微生物对碳源的竞争而增加碳源投加成本，亦或是因为反硝化过程中不断产生碱度而改变系统环境从而使得微生物的脱氮效果降低；一些其他反硝化（如硫氧化反硝化）则可能因为过度的产酸从而导致系统效率的下降等。在分别比较各自优缺点和脱氮效果的同时，还应考虑将两种反硝化类型结合，在系统中一起引入有机碳源和无机电子供体，构建起异养反硝化与其他类型反硝化协同发生的系统，一方面能提高系统的稳定性，另一方面也可以克服两类反硝化所固有的部分缺点。

# 2.6　尾水型人工湿地温室气体的减排

温室气体的大量排放，会对地球的环境带来极大破坏，对人类造成巨大危害。二氧化碳、甲烷以及氧化亚氮是当前公认的三类最主要的温室气体。人工湿地作为重要的污水处理工艺，其温室气体的排放量是自然湿地的 $2\sim10$ 倍，这对于人工湿地系统的推广应用带来了一定的限制。因此，对于人工湿地系统的温室气体排放研究，有着重要意义。

甲烷以及二氧化碳的产生与排放通常都需要有机物的参与，人工湿地系统中，微生物对于有机物的厌氧或好氧分解，是甲烷和二氧化碳的主要产生来源。而作为处理污水处理厂尾水的人工湿地系统，其进水中的有机物浓度往往较低，同时污染物以 TN（硝氮）为主，对于这类湿地系统，由脱氮过程产生的氧化亚氮应当是主要的温室气体排放类型。同时，氧化亚氮的 GWP（全球变暖潜能值）也是三种气体中的最高者，分别达到了二氧化碳的 298 倍和甲烷的 11.9 倍。因此，大量的相关研究报道也都集中于氧化亚氮排放的研究。

人工湿地中氧化亚氮的产生主要来自生物的硝化及反硝化过程，氧化亚氮作为硝化的中间产物及反硝化的副产物出现。在处理以 TN（$NO_3^-$）为主要污染物的污水处理厂尾水时，反硝化过程是人工湿地系统中的主导微生物作用，加之进水碳源的先天不足，进行不彻底的反硝化导致了氧化亚氮积累。

添加植物固体碳源或无机电子供体作为提升低碳氮比废水处理效果的重要手段，尽管其能够有效提升脱氮效率，不过依然有许多学者关注到了这类强化措施对人工湿地温室气体排放的影响。对于有机植物固体碳源的添加，Zhou 等分别利用蔗糖溶于废水、甘蓝残余物、常见的芦苇凋零物作为湿地处理低碳高氮废水的碳源，发现芦苇凋零物的添加不仅能够补充碳源提升脱氮效果，并且释放了更低的甲烷和氧化亚氮；Jia 等利用不同的农林废弃物作为基质，研究其对氧化亚氮排放的影响，结果表明小麦秸秆和核桃壳作为基质时得到了低于杏核基质人工湿地的氧化亚氮排放量；Zhang 等添加稻秆至人工湿地作为碳源，与无稻秆系统相比，在低进水污染负荷下稻秆的添加会增加氧化亚氮的排放通量，但中高污染负荷下，稻秆的添加则能够减少氧化亚氮的排放。而对于无机电子供体的添加，Huo 等发现添加黄铁矿基质的人工湿地系统有着比传统砾石人工湿地更低的氧化亚氮排放量，且微生物相关分析也发现黄铁矿基人工湿地有着更低丰度的产氧化亚氮菌；Sun 分别使用乙酸钠、亚硫酸钠以及铁屑作为电子供体用于系统脱氮，结果表明三组系统在相同条件下展示了近似的脱氮效果，其中添加铁屑的系统有着最低的甲烷及氧化亚氮排放量；Xu 等使用亚硫酸钠做电子供体，构建起硫自养反硝化系统，在实现脱氮的同时还获得了相当小的氧化亚氮排放通量。但总体上此类研究仍处于起步阶段，许多结论尚无定论，甚至可能存在矛盾。本文也就不同类型的外加电子供体对于人工湿地系统排放温室气体的情况进行了监测分析比较。

# 2.7　本　章　小　结

目前，我国大部分城镇污水处理厂正经历扩容提质改造，同时海绵城市建设和黑臭水体治理已见成效，生态文明建设持续推进，人工湿地深度处理技术具有极大的应用前景，但其科学技术研究与工程应用尚有待加强。

（1）构建基于基质和水生植物选择、工程运营监测等方面的"基础数据库"，加强对尾水人工湿地工程的设计、建设、施工和运营全过程的指导作用。

（2）尾水人工湿地科学研究应从简单的处理效果研究层面深入到机理研究层面。例如：①基于现代分子生物学技术，揭示尾水人工湿地处理系统中氮磷潜在的代谢途径和新污染物降解机理；②深入开展尾水人工湿地碳氮硫循环转化耦合机制研究；③开展基于电子供给方式调控强化尾水人工湿地生化处理机制研究。

（3）人工湿地庞大的占地面积是限制其发展的重要因素，通过新型基质材料的开发和水力条件优化等途径可以提高人工湿地的设计负荷，亦可通过其他合理的措施对人工湿地的占地面积进行有效削减，将进一步扩展人工湿地技术广阔的发展空间。

# 第3章 技术标准视角下我国污水处理厂尾水人工湿地设计分析

人工湿地技术起源于 20 世纪 70 年代，后来逐渐发展成为污水生态处理的重要手段之一。该技术通过利用植物、基质、微生物的协同作用，吸附、沉淀、过滤、离子交换、植物吸收和微生物降解等多种途径来去除有机物、氮和磷等。人工湿地技术具有水质净化效果好、投资费用和处理成本低、运行管理简便且环境景观效果好等优势，将其应用于污水处理厂尾水的深度净化领域，既能解决受纳水体水质污染问题，也能在一定程度上缓解河道生态基流缺失，水动力不足的状况。

近年来，多部污水处理厂尾水人工湿地技术标准陆续发布和实施，在指导和规范工程的设计、建设等方面发挥了积极的作用；一大批尾水人工湿地工程也相继建成并投入使用，极大地推动了污水处理厂尾水人工湿地领域的技术研究和工程实践。但需要指出的是，只有基于高质量的规范化工程设计和可持续的运营管理与维护，才能实现尾水人工湿地工程优良的水质净化效果和长久稳定的运行，保障人工湿地良好的环境景观效应，而这些都依赖于相关技术标准的编制质量及其良好的规范和指导作用。目前，对污水处理厂尾水人工湿地相关技术标准的对比分析还未见报道。为此，收集并梳理了国家、省（自治区、直辖市）及专业协会等不同层面上关于污水处理厂尾水人工湿地的技术标准（规范、规程、导则和指南），针对不同技术标准中关于污水处理厂尾水人工湿地工程的总体设计进行比较分析，探讨标准条文的适用性和合理性，并提出工程优化设计建议，以期为国内污水处理厂尾水人工湿地工程的规范设计和建设提供建议。

## 3.1 国内外尾水人工湿地应用现状

人工湿地技术因其集水质净化、景观营造于一身的独特优势，在包括污水处理厂尾水在内的低污染水的深度处理领域得到了大量的推广和应用，并成为重要的发展方向之一。国外较早开始使用人工湿地技术进行尾水深度处理，如 1994 年荷兰在特赛尔岛建造一处理规模为 6 万 $m^3/d$ 的人工湿地对污水处理厂的二级出水进行深度处理；2001 年，意大利佛罗伦萨采用 4 座不同类型的人工湿地进行尾水的三级处理。我国较早将人工湿地用于污水处理厂尾水深度处理的工程为浙江省舟山市的朱家尖污水处理厂人工湿地工程，该工程于 2007 年 9 月建成并完成调试，系统对尾水的处理效果良好。截至 2019 年上半年，我国处理污水处理厂尾水的人工湿地工程案例数量已达到 94 个，占人工湿地工程总数量的 12%。笔者通过文献检索、网站搜索和媒体报道等途径，统计发现 2019 年 6 月至 2022 年 10 月期间，我国已建、在建和拟建的尾水人工湿地工程数量新增 61 个。

尾水人工湿地处理单元常见的有强化预处理单元、表面流湿地、潜流湿地和稳定塘 4 种，除强化预处理单元外，其余工艺单元可进行组合，形成多种工艺流程。在尾水人工湿地工程设计时，在前期充分调研的基础上，依据尾水处理量、水质特征、当地的气候条件、地形地貌特点、水质提标升级或资源化利用等要求，因地制宜地确定工艺设计方案。国内各地大量的工程实践（表 3-1）表明，人工湿地能够将尾水水质由 GB 18918—2002《城镇污水处理厂污染物排放标准》的一级 B 及以上提升至 GB 3838—2002《地表水环境质量标准》的 Ⅴ 类及以上，消除劣 Ⅴ 类。其中，2014 年建成的浙江省临安污水处理一厂的高效复合人工湿地系统对尾水有着良好的净化作用，该人工湿地系统对尾水中的氨氮（$NH_3-N$）、硝态氮（$NO_3^--N$）、总氮（TN）的年平均去除率分别为 84.3%、33.1%、39.5%，对 TP 和 COD 的去除率分别为 77.8% 和 46.0%，出水水质（COD 23.80mg/L、$NH_3-N$ 0.19mg/L、TN 9.14mg/L、TP 0.44mg/L）优于一级 A 排放标准。在此基础上，2018 年建成的临安污水处理二厂尾水人工湿地处理系统包含接触氧化系统、鱼草乔（木）生态平衡系统、高效自净水生生态系统、生态滤地系统和景观生态塘。该人工湿地出水 COD、TP、TN 浓度可降低 20%，色、嗅等感官指标满足 GB/T 18921—2002《城市污水再生利用景观环境用水水质》中的观赏性景观环境用水水质标准，$NH_3-N$、粪大肠菌群数等指标达到或优于 GB 3838—2002 中Ⅲ类水质要求。

表 3-1　　　　　　　　　　　国内污水处理厂尾水人工湿地典型工程案例

| 工程名称 | 设计规模/($m^3$/d) | 设计进水水质 | 设计出水水质 | 工艺流程 |
|---|---|---|---|---|
| 浙江临安污水处理一厂尾水人工湿地 | $6\times10^4$ | 一级 B 标准 | 一级 A 标准 | 潜流人工湿地＋表流人工湿地 |
| 浙江临安污水处理二厂尾水人工湿地 | $8\times10^4$ | 一级 A 标准 | 地表水Ⅲ类标准 | 接触氧化系统＋鱼草乔（木）生态平衡系统＋高效自净水生生态系统＋生态滤地系统＋景观生态塘 |
| 深圳龙华污水处理厂一期尾水人工湿地 | $2\times10^4$ | 一级 A 标准 | 地表水Ⅲ类标准 | 生态氧化池＋生态砾石床＋垂直流人工湿地 |
| 浙江慈溪市域污水处理一期工程尾水人工湿地（北部） | $10\times10^4$ | 一级 B 标准 | 一级 A 标准 | 植物碎石床＋表流湿地＋生态塘＋强化生物滤床 |
| 深圳茅洲河燕川湿地 | $1.4\times10^4$ | 一级 B 标准 | 地表水Ⅳ类标准 | 生态氧化池＋高效沉淀池＋垂直流湿地＋表流湿地 |
| 浙江东阳污水处理厂尾水人工湿地 | $6\times10^4$ | 一级 A 标准 | 地表水Ⅴ类标准 | 潜流人工湿地＋表流人工湿地 |

## 3.2　尾水人工湿地设计分析

### 3.2.1　国内外尾水人工湿地技术标准

20 世纪 90 年代，为使人工湿地的建设与维护管理更加规范，美国各州共同编制了适用于美国的 EPA 843-B-00-003《处理型人工湿地指导原则：提供水质和野生动物栖息地》，主要规定了人工湿地的场址选择、设计、施工、操作、维护和监测指导原则等内容。在此基础上，美国国家环境保护局（US EPA）开发了北美湿地水质处理数据库，减少重复劳动并改良传统设计方法，在人工湿地的设计、建设、运行维护管理等方面起到了很好的规范和指导作用。2006年3月，德国发布了第一部人工湿地标准DWA-A 262《城市污水生物净化用土壤过滤器污水处理厂的尺寸、建设和运行原则》，并于2017年完成了该标准的修订（DWA-A 262E），为污水生物处理人工湿地设计、建设和运维提供了依据。目前，在人工湿地深度净化污水处理厂尾水领域，尚未检索到国外已发布的技术标准。

2009—2021年，我国住房和城乡建设部、原环境保护部、生态环境部分别发布了人工湿地相关技术标准，包括RISN-TG006—2009《人工湿地污水处理技术导则》、HJ 2005—2010《人工湿地污水处理工程技术规范》、CJJ/T 54—2017《污水自然处理工程技术规程》和《人工湿地水质净化技术指南》，用于规范和指导国内人工湿地工程的设计与建设。近年来，在省级层面，江苏省、云南省、上海市等10多个省（自治区、直辖市）已出台人工湿地地方技术标准。上述技术标准的发布和实施极大地推动了人工湿地技术在我国各地的工程应用实践。随着人工湿地技术在污水处理厂尾水深度处理领域的拓展和广泛应用，不同层级的污水处理厂尾水人工湿地相关技术标准亦陆续发布。目前，国内已发布实施的污水处理厂尾水人工湿地相关技术标准共有6部（表3-2）。从表3-2可知，近年来污水处理厂尾水人工湿地相关技术标准的级别从地方标准逐渐提升至国家标准，且标准的适用范围有所扩大，除了污水处理厂尾水以外，还涉及微污染河水、农田退水以及小规模的城镇或农村生活污水。

表3-2　　　　　国内已发布实施的污水处理厂尾水人工湿地技术标准情况

| 标准类型 | 标 准 名 称 | 发布部门 | 发布年份 | 适 用 范 围 |
|---|---|---|---|---|
| 技术指南/导则 | 《人工湿地水质净化技术指南》（简称《生态环境部指南》） | 生态环境部 | 2021 | 达标排放的污水处理厂出水、微污染河水、农田退水及类似性质的低污染水 |
| | 《安徽省污水处理厂尾水湿地处理技术导则（试行）》 | 安徽省住房和城乡建设厅 | 2015 | 安徽省省内排入封闭水体的污水处理厂尾水 |
| 技术规范/规程 | 《污水处理厂尾水人工湿地深度净化技术指南》（T/CSES 30—2021）（简称《T/CSES指南》） | 中国环境科学学会 | 2021 | $NH_3-N$、TN、TP和COD等污染物浓度达到GB 18918—2002一级B标准的污水处理厂尾水 |
| | 《青海河湟谷地人工湿地污水处理技术规范》（DB63/T 1350—2015）（简称《青海省规范》） | 青海省质量技术监督局、青海省环境保护厅 | 2015 | 青海境内河湟谷地区域城镇污水处理厂尾水、经过适当预处理的分散或集中式生活污水、或其他性质类似的低浓度污/废水 |
| | 《污水处理厂尾水人工湿地工程技术规范》（DB41/T 1947—2020）（简称《河南省规范》） | 河南省生态环境厅、河南省市场监督管理局 | 2020 | 水质符合GB 18918—2002和地方标准的城镇污水处理厂尾水 |
| | 《污水自然处理工程技术规程》（CJJ/T 54—2017）（简称《CJJ规程》） | 住房和城乡建设部 | 2017 | 规模小于或等于10万 $m^3/d$ 的城镇污水处理厂出水、受有机污染的地表水 |

### 3.2.2　尾水人工湿地工艺选型

　　人工湿地处理系统总体设计时，应首先进行工艺选型。湿地具体工艺的选择应该在综合考虑受纳水体的水质要求、污水处理厂尾水的水质特点或处理难点的基础上，对各项指标进行分析、研判，再依据技术标准的设计原则，针对性选择具体的工艺流程。

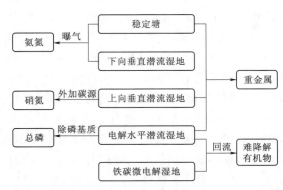

图 3-1　尾水人工湿地目标污染物的推荐工艺

　　针对尾水处理需去除的主要目标污染物类型，《T/CSES 指南》指出了适宜的人工湿地工艺类型，并指出可以根据尾水水质特征进行集成与组合（图 3-1）。《青海省规范》指出，对于人工湿地的组合型式的选择，主要是根据处理水量来确定。单一式和单联式人工湿地的处理量宜小于 500m³/d；当水量大于 1000m³/d 时，宜采用多级串联或并联式人工湿地；水量大于 2000m³/d 时，就应采用综合式人工湿地，即由多个复合流潜流人工湿地

单元以并联方式组合构成潜流人工湿地单元组，并由多组潜流人工湿地单元组以并联方式组成潜流人工湿地系统。在具体的工程实践中，复合流人工湿地的工艺组成主要包括塘（氧化塘）、床（水平或垂直潜流人工湿地）、表（表流人工湿地）等。按照工艺组成及类型分类，尾水人工湿地可以分为强化预处理组合工艺、塘-床组合工艺、塘-表组合工艺以及（塘）床-表组合工艺等 4 种常用的工艺处理系统。

　　人工湿地污水处理技术本质上属生物膜法范畴，微生物在去除污染物的过程中发挥主体作用，为了进一步强化尾水人工湿地的生物脱氮除磷效率，工艺选型时应创造有利于强化微生物脱氮作用的厌氧/缺氧微环境，各种组合或复合流处理系统应运而生。但人工湿地组合处理系统的选取和组合形式大多依据设计人员的经验，且其处理效能波动也较大，在缺乏长期的实际监测数据条件下，如何保证尾水人工湿地组合处理系统的去除效率持久稳定也是工艺选型及设计中的一个难题。

　　人工湿地水动力学和水质模型的研究有利于工程设计和实践，但现状研究构建的多为灰箱模型，对于人工湿地的组成内容和工艺过程做了较多的假设和简化，从而增加了模型工艺和运行参数的不确定性和不规范性。而在实际人工湿地工程中，因水质条件复杂、影响因素众多，导致模型误差增大，准确度下降。因此，如何提高模型预测精确度，有利于准确把握设计水质和处理规模，从而指导工艺选型和优化设计内容，将是未来重要的研究方向。

　　需指出的是，相较传统的污水处理工艺，人工湿地占地面积往往较大，但其具有独特的景观营造所必需的水面和植物两大元素，在人工湿地系统工艺选型和集成设计的基础上再由景观设计师进行专业打造，可以创造出集水质净化、景观营造、科普教育、娱乐休闲等功能于一体的"绿色基础设施"。

### 3.2.3　尾水人工湿地设计参数分析

#### 3.2.3.1　水力停留时间与表面负荷

《生态环境部指南》根据各省（自治区、直辖市）1月、7月的平均气温，并辅助考虑年日平均气温≤5℃与≥25℃的天数，将全国分为严寒地区、寒冷地区、夏热冬冷地区、夏热冬暖地区、温和地区共5个区。其中，河南省大部（除安阳市、鹤壁市、濮阳市外）处于气候分区中的Ⅲ区（夏热冬冷地区），青海河湟谷地区域属于Ⅱ区（寒冷地区）。为了了解地方规范与《生态环境部指南》中相应气候分区（河南省大部、青海河湟地区）对尾水人工湿地设计参数取值的异同，分别将《河南省规范》与《生态环境部指南》的Ⅲ区、《青海省规范》与《生态环境部指南》中的Ⅱ区进行比较分析（表3-3和表3-4）。

表3-3　　　　《河南省规范》与《生态环境部指南》设计参数建议值比较

| 技术标准 | 湿地类型 | 长宽比 | 水力停留时间/d | 水力表面负荷/[m³/(m²·d)] | 污染物表面负荷/[g/(m²·d)] | | | |
|---|---|---|---|---|---|---|---|---|
| | | | | | BOD₅或COD | NH₃-N | TN | TP |
| 《河南省规范》 | 表面流 | 3:1~5:1 | 5~8 | ≤0.07 | ≤4（BOD₅） | | | |
| | 水平潜流 | <3:1 | 2~4 | ≤0.3~0.5 | ≤30（BOD₅） | | | |
| | 垂直潜流 | | 1.5~3 | ≤0.4~0.6 | ≤30（BOD₅） | | | |
| 《生态环境部指南》Ⅲ区 | 表面流 | >3:1 | 2~10 | 0.03~0.20 | 0.8~6.0（COD） | 0.04~0.5 | 0.08~1.0 | 0.01~0.1 |
| | 水平潜流 | <3:1 | 1~3 | 0.3~1.0 | 3.0~12.0（COD） | 1.5~3.0 | 1.2~6.0 | 0.04~0.2 |
| | 垂直潜流 | 1:1~3:1 | 0.8~2.5 | 0.4~1.2 | 5.0~15.0（COD） | 2.0~4.0 | 1.5~8.0 | 0.06~0.25 |

注：BOD₅ 污染物表面负荷/[g/(m²·d)]

表3-4　　　　《青海省规范》与《生态环境部指南》设计参数建议值

| 技术标准 | 湿地类型 | 长宽比 | 水力停留时间/d | 水力表面负荷/[m³/(m²·d)] | 污染物表面负荷/[g/(m²·d)] | | | |
|---|---|---|---|---|---|---|---|---|
| | | | | | COD | NH₃-N | TN | TP |
| 《青海省规范》 | 表面流 | 3:1~5:1 | 4~10 | 0.05~0.15 宜取0.05~0.1 | 2~6 | 0.5~3 | 0.5~1.5 | 0.05~0.1 |
| | 复合潜流 | 1:1~3:1 | 2~4 | 0.2~0.5 宜取0.3 | 10~60 | 2~8 | 1.5~5 | 0.2~0.5 |
| 《生态环境部指南》Ⅱ区 | 表面流 | >3:1 | 2~12 | 0.02~0.2 | 0.5~5.0 | 0.02~0.3 | 0.05~0.5 | 0.008~0.05 |
| | 水平潜流 | <3:1 | 1~4 | 0.2~1.0 | 2.0~12.0 | 1.0~2.0 | 0.8~6.0 | 0.03~0.1 |
| | 垂直潜流 | 1:1~3:1 | 0.8~2.5 | 0.4~1.2 | 3.0~15.0 | 1.5~4.0 | 1.2~8.0 | 0.05~0.12 |

由表3-3、表3-4可知，对于同一地区来说，地方规范与《生态环境部指南》给出的尾水人工湿地工程的各项设计参数的取值存在较大差异。《生态环境部指南》推荐的水力表面负荷的取值范围较《河南省规范》更为宽泛，并给出目标污染物（COD、NH₃-N、TN、TP）负荷的建议取值；《河南省规范》只给出BOD₅污染物表面负荷的取值，如表面流、水平潜流和垂直潜流人工湿地的BOD₅污染物表面负荷取值分别为≤4g/(m²·d)、≤30g/(m²·d)、≤30g/(m²·d)。从污水处理厂尾水人工湿地工程设计和实际应用来

看，采用 COD 污染物表面负荷更为简便。

《青海省规范》中的表面流人工湿地的污染物负荷较《生态环境部指南》偏大，且二者的取值下限基本上相差一个数量级；而其复合流人工湿地的污染物表面负荷是《生态环境部指南》中的水平流、潜流人工湿地的数倍，前者 COD 污染物表面负荷为 $10 \sim 60 \mathrm{g}/(\mathrm{m}^2 \cdot \mathrm{d})$，而后者水平潜流人工湿地是 $2.0 \sim 12.0 \mathrm{g}/(\mathrm{m}^2 \cdot \mathrm{d})$。这是由于复合流人工湿地是由多级潜流人工湿地单元组合而成，污染物去除能力较单独的水平流或垂直流人工湿地要强，则污染物表面负荷的设计取值可以适当高一些。复合流人工湿地的水力表面负荷可高达 $0.67 \mathrm{m}^3/(\mathrm{m}^2 \cdot \mathrm{d})$，较我国大多数尾水人工湿地提升了 30%，同时缩小了湿地占地面积。

由上述技术标准中尾水人工湿地设计参数选取的对比分析可知，虽然《生态环境部指南》首次以地区最低月温度为重要指标对全国进行气候分区，并按气候分区给出了人工湿地主要类型的设计参数推荐值，但参数取值范围仍较为宽泛。当所属气候区对应的不同标准给出的设计参数不一致或范围太过宽泛时，为了满足出水水质要求，应按照每一种设计参数的最低负荷进行计算，然后取设计面积最大的设计参数较为安全可靠。当实际工程占地、施工等条件不能满足所对应的设计参数时，在预算满足的情况下应考虑采用高负荷的复合式人工湿地，同时减少低负荷表流人工湿地的设计面积。

20 世纪 90 年代，US EPA 通过建立《北美水质处理湿地数据库》并发布《市政污水处理型人工湿地工艺设计手册》，规范了人工湿地工程的设计、施工和运营等工作，但上述湿地数据库和设计手册中的参数大多基于国外实际人工湿地工程项目的长期监测结果。对于我国而言，还未建立全国统一的人工湿地基础数据库，亦尚未有一套由科研、设计和施工单位共同参与下编制完成的人工湿地设计手册用来规范和指导尾水人工湿地工程设计。同时，还需加强相关技术研究的针对性，以期科研成果为尾水人工湿地的工艺设计提供全面、系统、因地制宜的技术参数和设计指标，不断提高设计水平和质量，推动人工湿地技术在污水处理厂尾水深度处理领域的推广应用。

### 3.2.3.2 设计面积

尾水人工湿地的工艺选型确定后，一般依据相关技术标准选取适宜的工艺设计参数，采用表面负荷法完成人工湿地有效面积和几何结构尺寸的设计计算。人工湿地设计面积的表面负荷法计算的具体公式如下：

$$A = Q(C_0 - C_1)/N \qquad (3-1)$$
$$A = Q/N_q \qquad (3-2)$$

式中：$A$ 为人工湿地面积，$\mathrm{m}^2$；$Q$ 为人工湿地设计水量，$\mathrm{m}^3/\mathrm{d}$；$C_0$ 为人工湿地进水污染物浓度，$\mathrm{mg}/\mathrm{L}$；$C_1$ 为人工湿地出水污染物浓度，$\mathrm{mg}/\mathrm{L}$；$N$ 为污染物表面负荷，$\mathrm{g}/(\mathrm{m}^2 \cdot \mathrm{d})$；$N_q$ 为水力表面负荷，$\mathrm{L}/(\mathrm{m}^2 \cdot \mathrm{d})$。

《生态环境部指南》规定，人工湿地的表面积可根据 COD、$NH_3 - N$、TN 和 TP 等主要污染物削减负荷和水力表面负荷计算，并取上述计算结果的最大值，同时应满足水力停留时间要求。《T/CSES 指南》则规定，尾水人工湿地设计面积应按 TN、TP、COD 和重金属等进水负荷与去除效率确定，应取其设计计算结果中的最大值，同时应满足水力表面负荷的要求。

尾水人工湿地包括潜流人工湿地、表面流人工湿地和复合流人工湿地等类型。相关研究结果表明，尾水属于微污染物浓度污水，针对微污染物浓度的水质，潜流人工湿地的设计面积主要取决于水力表面负荷。依据《生态环境部指南》并参考 GB 18918—2002 及 GB 3838—2002，用污染物表面负荷和水力表面负荷分别进行表面流尾水人工湿地最小设计面积的计算。其情况设定为：进水水质指标为 GB 18918—2002 一级 B 标准限值，出水水质指标为 GB 3838—2002 的 V 类水标准限值，将湿地进水流量 $Q$ 设为 $1000\mathrm{m^3/d}$，依据《生态环境部指南》中的 5 个气候分区的设计参数的取值上限，计算得到表面流尾水人工湿地最小设计面积如图 3-2 所示。计算结果表明，处理污水处理厂尾水的表面流人工湿地最小设计面积主要取决于 $NH_3$-N 或 TN 污染物表面负荷，在 I 区和 II 区最为明显。因此，表面流人工湿地通过强化脱氮措施来减小湿地占地面积和工程投资十分重要，但 I 区和 II 区使用这 2 个参数计算的湿地面积相差较大，这可能与不同地区的尾水水质有关。且随着不同气候分区气温的降低，湿地面积显著增大，可见在北方地区，气温成为影响湿地设计面积的重要因素，通过采取保温措施不仅可维持尾水人工湿地的处理效果，也可以缩小工程设计占地面积。

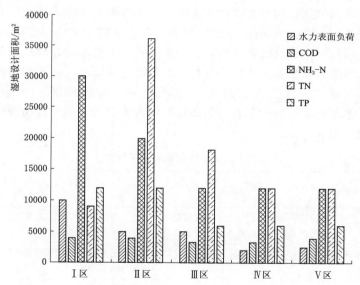

图 3-2　5 个气候分区下基于不同参数的表面流尾水人工湿地设计面积

尾水人工湿地在计算和确定设计面积时，应基于湿地工程选址位置的特殊性，结合处理工艺选型，综合考量工程选址情况、场地地形地貌、总体布置形式等因素，因地制宜地构建组合式、复合型处理系统，必要时进行镶嵌式或立体式布置，以减小湿地占地面积。

## 3.3　尾水人工湿地优化设计建议

### 3.3.1　强化脱氮

随着生态文明建设的持续推进以及水资源、水生态和水环境的统筹利用和保护，我国水生态环境得到了较大程度的改善，但水体中的氮素污染仍是威胁地表水体环境安全的重要问题之一。人工湿地对包括污水处理厂尾水在内的低污染水的深度处理效果良好，建设和运行成本较低。然而，污水处理厂尾水具有可生化性差、碳氮比（C/N）低、TN 浓度高（以硝酸盐为主）等水质特征，限制了人工湿地的反硝化作用，导致人工湿地的脱氮效能较低，威胁到受纳水体水安全和尾水的资源化利用。

现有的尾水人工湿地技术标准相关条文中列出了提高和强化尾水人工湿地的脱氮效能的技术方法和措施。《河南省规范》指出，当出水水质考虑 TN 时，可填充缓释碳源填料或自养反硝化填料。《TCSES 指南》则指出，当尾水中碳源缺乏和冬季脱氮微生物活性低导致人工湿地脱氮效率下降时，可适当补充湿地植物厌氧发酵液或其他碳源。湿地植物厌氧发酵液 C∶N∶P 的含量比宜为（200～300）∶5∶1，添加湿地植物厌氧发酵液后应使尾水中 C/N 达到（3～5）∶1 为宜。但上述强化尾水人工湿地脱氮的技术措施对工程实践的指导性不强，需进一步加强相关技术研究和大力推动科技成果的转化，建设示范应用工程，完善和修订技术标准，提高技术标准的指导性。

基于微生物硝化反硝化脱氮作用被认为是人工湿地去除污水处理厂尾水中氮素的主要机制，在功能型填料筛选、构建强化型人工湿地和调控湿地碳水平等方面开展了大量的研究。已有研究表明，通过将来水的 C/N 比调控至合适值或引入铁、硫源改变微生物群落结构，强化人工湿地微生物反硝化过程，是提高尾水人工湿地脱氮效率的关键。

从尾水人工湿地碳水平调控策略的可行性、经济性并结合实际工程应用的可达性综合分析，湿地结构优化（折板式人工湿地）、工艺改进（分段进水、出水回流）、耦合工艺（自养脱氮工艺与人工湿地的耦合）为优化尾水人工湿地工程设计和强化其脱氮效能的较好策略和途径（表 3 - 5）。

表 3 - 5　尾水人工湿地碳水平调控策略

| 碳水平调控策略 | 调控类型 | 主 要 手 段 | 特 征 | 工程适宜性评价 |
|---|---|---|---|---|
| 直接碳调控 | 外加碳源 | 低分子有机物、污水、废水和剩余污泥、天然有机物和高分子缓释碳等 | 投加量难以控制，易造成二次污染和成本过于高昂 | 一般 |
| | 植物根系碳源 | 种植根系碳含量较高的植物 | 容易受温度和光照等因素的影响，碳调控能力不稳定 | 一般 |
| 间接碳调控 | 工艺改进 | 分段进水 | 实现碳源合理分配，提高反硝化效率 | 较好 |
| | 结构优化 | 折板式构型 | 提高湿地内部水力效率，防止短流 | 较好 |
| | 工艺耦合 | 自养型脱氮工艺 | 对碳源没有要求，适合低碳氮比污水 | 较好 |
| | | 微生物燃料电池 | 产能低、内阻大和运行参数不合理 | 较差 |

## 3.3.2　水量平衡校核

由于人类活动的影响，全球气候变暖趋势明显，导致极端天气出现的频率大增，近些年国内各地降雨的量级和频次超出以往。同时，尾水人工湿地往往建设在城镇污水处理厂排水口的下游，地势较低，易受到洪水的威胁。因此，人工湿地工程设计时首要任务是掌握当地的水文条件，进行湿地的总水平衡计算，即在降雨时间较长的情况下，要计算整个汇水范围内流入人工湿地的水量，并纳入设计流量内。

　　人工湿地的水文条件是维持湿地结构功能、物种组成以及开发成功湿地项目的重要因素。现有尾水人工湿地技术标准中涉及水文要素影响的内容较少。由于降水量时空分布严重不均，导致我国不同地区间降水量的差异较大。在确定尾水人工湿地工程规模和选择处理工艺时，现有技术标准对于降水量等水文要素的影响没有给予足够的考虑，仅依据进、出水水质与水量进行相关设计计算。同时，设计时也应考虑地下水渗透水量、管路系统漏损等因素。根据 US EPA 发布的《市政污水人工湿地处理设计手册》并结合国内工程实践，提出尾水人工湿地水量校核公式如下：

$$S = Q + R + I - L - ET \tag{3-3}$$

式中：$S$ 为湿地真实水量，$m^3$；$Q$ 为湿地设计进水量，$m^3$；$R$ 为湿地降水量（径流水量与湿地表面降水量），$m^3$；$I$ 为地下水渗入水量，$m^3$；$L$ 为湿地系统漏损与渗出水量，$m^3$；$ET$ 为湿地表面蒸发与植物蒸腾水量，$m^3$。

　　雨季来临时，人工湿地表面的水量以及上游来水量突增，污染物去除效果将受到较大的影响，同时对基质上的生物膜污泥造成冲刷，对雨季过后的污染物去除效果也带来了不利影响。另外，在我国北方干旱少雨地区，较少的降水可能给一些以循环补水为水源的人工湿地工程长期的稳定运行带来困难，可能影响到人工湿地植物的正常生长。因此，可考虑将市政水源接入尾水人工湿地以备用，干旱期可以给植物及时地浇灌。

## 3.4　本　章　小　结

　　随着国内各地污水处理厂提标改造和水生态环境保护工作力度的不断加大，污水处理厂尾水人工湿地的工程化应用将越来越广泛。不同层面已出台的污水处理厂尾水人工湿地技术标准的发布实施，有助于指导和规范我国尾水人工湿地技术的实际应用，但在某些方面仍存在一定的不足。例如，对不同地域污水处理厂尾水的水质特征关注较少，预处理单元和人工湿地组合单元的设计缺乏针对性；在多级人工湿地单元之间的衔接方式和处理构筑物景观造型的打造等方面设计内容缺失。随着尾水人工湿地技术在我国的快速发展，已有大量工程实践可供参考，早期发布的技术标准可以根据实际工程建设及运维数据和区域水生态环境保护的新要求进行调整优化。建议构建基于基质和水生植物选择、工程运营监测等方面的基础数据库，加强技术标准在尾水人工湿地全生命周期中的指导作用；采用建筑信息模型（BIM）、人工智能（AI）、大数据、机器学习、数字孪生、智慧工厂等新理念、新技术，提高包括尾水人工湿地在内的处理型湿地工程全生命周期设计、施工、运营等工作质量，促进人工湿地绿色生态技术蓬勃发展。

# 第2篇 生物炭添加强化尾水型人工湿地脱氮技术

# 第4章 生物炭在人工湿地中的应用现状

## 4.1 生物炭的基本概念

生物炭是生物质在 300～800℃ 的缺氧或厌氧条件下热解产生的固体产物,原料来源丰富。生物炭是一种非常不均匀的材料,通常由不同氧化水平的芳香族有机物和无机成分组成,其成分的不同也导致性质上有所差异。生物炭具有独特的化学、物理和生物特性,使其成为一种具有多功能应用价值的材料。在过去的几十年里,鉴于生物质转化为生物炭的多样性和多样化的应用潜力,人们对生物炭越来越多地将其用于环保领域,特别是在土壤改良、土壤和水体修复、固碳和减少温室气体排放等领域的应用引起了人们的广泛关注。

据报道,在不同的条件下,使用生物炭可以去除生活废水中的有机物和 TN 等营养物质。生物炭作为一种多功能环保材料,越来越多被用作人工湿地填料。粉末生物炭在实际工程应用中极易被冲刷损失,因此常选用颗粒生物炭作人工湿地填料。颗粒生物炭具有以下优点:①有效吸附土壤微生物,使其不易被冲走或捕食;②作为潜在碳源;③利于形成好氧-缺氧环境界面,促进硝化和反硝化作用;④调节 pH 并提高盐基饱和度,进而提高微生物量。

## 4.2 生物炭的基本性质

生物炭表面具有丰富的孔隙结构,比表面积较大,其基本性质直接取决于制备生物炭的原材料和热解条件。

生物炭的产率随着温度的升高而降低。不同原料产生的生物炭性能的变化趋势非常相似。值得指出的是,木本生物质和草本生物质产生的生物炭的理化性质相对接近,而污泥的理化性质则不接近。热解温度的升高通常会导致生物炭具有更大的孔径和更高的比表面积。据 Zhao 报道,当热解温度升高超过 400℃ 时,生物炭比表面积逐渐增大,在 600℃ 时,所有原料制备的生物炭比表面积均最高。与热解温度的增加相比,停留时间对增加生物炭表面积的影响并不那么明显。与其他原料组相比,木质生物量产生的生物炭往往具有较高的比表面积,而温度对木本生物质产生的生物炭比表面积的影响更为显著。温度的升高会导致元素 H 和 O 的损失,这主要与生物质材料分解过程中的脱水和脱羧反应有关。结果表明,在较高的热解温度下,生物炭的 C/H 值下降。在较低的热解温度下,即低于 600℃ 时,不同生物质材料产生的生物炭之间的元素组成存在较大差异。此外,随着热解温度升高,表面的酸性官能团也逐渐消失,生物炭表面的亲水性和极性也会减弱,芳香度和稳定性也会得到增强。生物炭的 pH 随着热解温度的升高而明显升高，这是由于无机元素的富集和盐的存在，如钾和氯化物。大部分生物炭是碱性的，pH 在 8.2～12.4 之间。

此外，生物炭中含有大量的表面含氧官能团和持久性自由基，使生物炭具备独特的氧化还原特性（如电子传递、催化氧化等）。

## 4.3　生物炭基人工湿地强化反硝化脱氮的有效途径

由于不同生物质材料制备的生物炭普遍可以促进微生物生长、富集等生物过程，同时具有优越的吸附性能用以吸附去除污染物，它越来越多地应用于人工湿地基质。已有研究表明，污染物的去除率可以通过添加生物炭来提高，并且发现其去除率随着生物炭比例的增加而增加。还可以通过与其他基质混合使用、添加生物吸附剂、组合不同工艺，来提高生物炭作为基质去除污染物的效率。Guo 等研究表明，在人工湿地中添加沸石和生物吸附剂与生物炭复合，能进一步增强人工湿地去除 TN 和 $NH_4^+ - N$ 的性能。

### 4.3.1　生物炭改变人工湿地内环境进而影响反硝化过程

反硝化过程受人工湿地内 pH 和 DO 浓度等因素的影响。生物炭 pH 多数呈碱性，同时生物炭具有吸附性，表面丰富的孔隙结构可以影响溶解氧浓度，且生物炭可以释放溶解性有机物，因而向湿地中添加生物炭将改变人工湿地内的理化性质。

热解温度较低的生物炭，其稳定性较差，悬浮液的 pH 较低，当热解温度较高时，生物炭中羧基和酸性基团的数量减少，导致悬浮液 pH 增加，而较高的 pH 不利于反硝化的进行。

生物炭的加入可以促进电子转移过程，加速有机物和 DO 的消耗，形成好氧-缺氧界面。好氧-缺氧界面的形成为氮转化的各种途径提供了良好的氧化还原条件，包括硝化、反硝化、异化还原为氨（DNRA）和厌氧氨氧化，特别是硝酸盐转化可以促进有机物的好氧降解，同时去除水体中的有机污染物。DO 通过在需氧-缺氧转化过程中修饰微生物群落、细菌共现和功能基因，间接影响硝酸盐的转化。

生物炭常作为一种环境吸附剂，用以去除土壤中的氮和磷浸出，并可以吸附水体中的铵盐、硝酸盐和磷酸盐，其中生物炭中含 O 的羧基、羟基和酚类表面官能团的程度可以有效地结合污染物。在热解温度大于 400℃时，生物炭由于其高表面积和微孔的增加，对有机污染物的吸附更有效。

### 4.3.2　生物炭调节人工湿地微生物群落结构进而影响反硝化过程

微生物的反硝化作用是人工湿地去除污水中氮污染物的主要途径，生物炭的添加，对微生物群落结构有显著影响。生物炭是一种富含碳的材料，具有较高的物理稳定性、较大的孔隙率和比表面积。这些特性足以通过增强对污染物的吸附和生物膜的形成来去除污染物和降低废水处理中的 $N_2O$ 排放。硝化细菌和反硝化细菌通过分泌特定酶进行脱氮和 $N_2O$ 排放，这些酶主要包括氨单加氧酶（AMO）、羟胺氧化还原酶（HAO）、亚硝酸盐还原酶（Nir）和 $N_2O$ 还原酶（Nos）。生物炭可以通过提供合适的微生物附着点位来提高物种丰富度和群落多样性，进而提高硝化和反硝化微生物的相对丰度、氮去除关键功能基因的丰度以及硝化和反硝化相关酶的活性。

例如，Jia 等发现，在水平潜流人工湿地（HSCW）中添加玉米秸秆生物炭为微生物附着生长和繁殖提供了非常合适的载体，优化了微生物群落结构，变形菌门、拟杆菌门和部分自养和异养反硝化微生物的相对丰度显著增加，与反硝化无关的微生物种类的相对丰度下降，微生物群落的 Alpha 多样性降低。Liang 等在 HSCW 中添加生物炭，发现生物炭的添加增加了变形菌门和 *Thauera* 等反硝化菌属的相对丰度。同时，研究发现，由于生物炭的加入，操作分类单元数（OTUs）的数量、Chao 指数和 Shannon 值均有所增加，证实了微生物多样性的增加。Deng 等发现，生物炭的加入可以显著改变人工湿地的 EPS 组成、官能团和分子量分布。其中，添加 30% 体积比的生物炭时显著提高了变形菌门、拟杆菌门和绿弯菌门的相对丰度，进而促进人工湿地内的反硝化过程。

### 4.3.3 生物炭的电化学性质影响人工湿地内的反硝化过程

反硝化过程作为农田土壤产生 $N_2O$ 的重要途径，是微生物通过一系列中间产物（$NO_2^-$、$NO$、$N_2O$）将 $NO_3^-$ 还原为 $N_2$ 的生化过程，因此，任何影响电子供给、消耗和转移的因素均会对反硝化过程产生影响。

生物炭的电化学活性来源于两个方面：一是生物炭表面存在的氧化还原活性官能团和自由基（如醌、酚等结构）；二是由 π 电子离域和类石墨片状结构引起的电导。生物炭能够作为电子供体、电子受体或电子传递的桥梁，介导微生物电子传递过程，促进微生物的代谢活动，从而有利于提高依赖微生物代谢进行的元素循环。此外，生物炭可以促进微生物之间的直接种间电子传递。

由于其表面的官能团的存在，生物炭是一种化学氧化还原活性物质，生物炭上的含氧官能团在生物炭与水中污染物的相互作用中起着关键作用。此外，含氧官能团对污染物处理的生化过程和氧化还原反应还具有良好的催化作用。因此，调节生物炭上的含氧官能团对其通过吸附/氧化还原反应控制水污染的性能至关重要。Wu 等研究表明，不同热解温度的生物炭主要通过影响电子转移效率对反硝化菌的代谢和电子传递产生影响，其中 300℃ 制得生物炭达到了最高的电子交换能力，导致其反硝化促进效果最显著，而 800℃ 制得生物炭抑制了这一过程；Chen 等研究发现了相一致的结论，300℃ 制得生物炭表面的酚−OH 氧化提供了电子，进而促进了 $NO_3^-$−N 还原；800℃ 制得生物炭表面的主要醌部分和电导结构充当替代电子受体，抑制了反硝化过程。

# 第5章 外加碳源对生物炭基水平潜流人工湿地 净化污水厂尾水的影响

近年来，为保护区域水生态环境，经提标改造的城镇污水处理厂尾水水质大幅提升。目前，我国大多数污水处理厂尾水水质可达到 GB 18918—2002《城镇污水处理厂污染物排放标准》中的一级 A 标准，但仍低于 GB 3838—2002《地表水环境质量标准》中的 V 类水质标准。尾水中氮污染物浓度高，排放量大且排放时间集中，不经净化排入水体，易造成受纳水体富营养化等问题。为使尾水资源化利用并有效保护水生态环境，需要对其进行深度处理。

人工湿地可以作为污水处理厂的深度处理单元，通过湿地基质的截留与吸附、植物吸收、微生物降解、动物捕食等物理、化学、生物作用，有效净化尾水。人工湿地的水处理成本较低、抗冲击负荷能力强，同时作为城市水系统的一部分，具有重要的环境效益和景观价值。生物炭作为一种多功能环保材料，越来越多被用作人工湿地填料。生物炭的多孔结构有利于形成好氧-缺氧界面，促进 $NH_4^+ - N$ 和 TN 去除。同时，生物炭可以作为反硝化作用的潜在碳源。Zheng 等研究发现，在垂直流人工湿地中添加污泥生物炭和香蒲生物炭，可以释放溶解性有机物从而补充反硝化碳源，促进 *Thaurea* 等反硝化微生物的富集，提高模拟废水中 $NO_3^- - N$ 和 TN 的去除。另外，生物炭还可以有效吸附土壤微生物，使其不易被冲走或捕食，并调节环境介质 pH、提高盐基饱和度和微生物生物量。

目前，生物炭基人工湿地处理模拟废水或生活污水的研究较多，由于其可为微生物提供充足的营养物质，对碳、氮污染物去除率较高。然而，污水处理厂尾水中 TN 以 $NO_3^- - N$ 为主、有机物可生化性差，且 C/N 值低。在生物炭基人工湿地对污水处理厂尾水净化研究方面，目前仅见少数几篇文献报道。如 Wang 等在垂直流人工湿地中投加 NaOH 改性玉米秸秆生物炭，探究其对模拟污水厂尾水的处理效果，发现 NaOH 改性条件的优化有利于抑制生物炭结构破坏和碳素损失，且 $NH_4^+ - N$、$NO_3^- - N$ 和 TN 的去除率均达 90%左右；Jia 等以石英砂和土壤（质量比 1:1）为水平潜流人工湿地基质，探究了竹炭添加（质量比 10%）对污水处理厂尾水净化效果的影响，发现较长的水力停留时间（96h）以及外加碳源有利于碳、氮污染物的去除。

为深入探究外加碳源与生物炭在水平潜流人工湿地深度净化污水处理厂尾水中的作用，以及保证湿地过水量与防止湿地基质堵塞，笔者采用石英砂和生物炭的湿地基质组合（记为 CW-B），同时设置石英砂基质对照组（记为 CW-N），先后开展未外加碳源和外加碳源 2 个阶段的研究，并深入分析其对碳、氮污染物的去除机制，以期为构建生物炭基水平潜流人工湿地并利用其深度净化污水厂尾水提供理论依据。

## 5.1  材 料 与 方 法

### 5.1.1  试验装置和采样点布设

水平潜流人工湿地装置由厚度 10mm 的有机玻璃板制成，如图 5-1（a）所示。装置尺寸为 700mm×400mm×500mm（长×宽×高），沿纵向平均分为 2 个单元。装置内设有 2 块挡板，将 2 个单元均分为进水区、基质区和出水区。在进水区和出水区铺设砾石（粒径 10～20mm，孔隙率 41.2%～42.2%），高度为 400mm。基质区底层和顶层铺设沸石（粒径 6～12mm，孔隙率 41.9%～43.2%），高度均为 100mm；中层铺设高度为 200mm 的小粒径基质，其中对照单元为石英砂（粒径 4～8mm，孔隙率 40.4%～42.0%，记为 CW-N），处理单元为石英砂和杏仁壳生物炭（粒径 4～8mm，孔隙率 34.6%～35.2%，记为 CW-B），按体积比 7∶3 均匀混合。试验启动后，对装置进行避光处理。

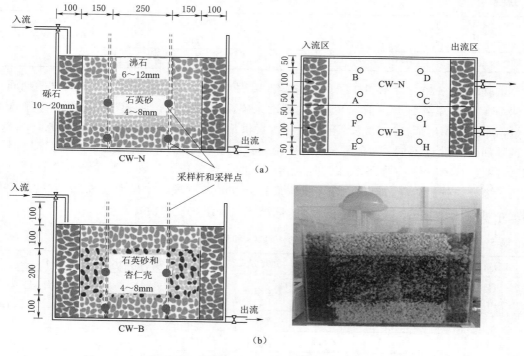

图 5-1  水平潜流人工湿地装置正视图和采样杆布设（单位：mm）

试验所用沸石、砾石、石英砂和生物炭购于河南某水处理公司。填料经清水冲洗、自然晾干后备用。由于粉末生物炭在人工湿地中易被冲刷流失，本试验选用颗粒状杏仁壳生物炭。

每个湿地单元的基质区均匀布设 4 根采样杆并编号，同时在出水区中央布设 1 根采样杆，采样杆底端至装置底部，如图 5-1（b）所示。距采样杆底端 200mm 和 50mm 处分别设置采样点，用以检测湿地内部污染物浓度、溶解氧（DO）和氧化还原电位（ORP）。

A、B 两根采样杆距底端 200mm（或 50mm）处采集样品所测指标的平均值，定义为"AB 上"（或"AB 下"），其他类似。出水区采样位置为距采样杆底端 200mm 处。

### 5.1.2 污泥接种

试验启动时，接种污泥以加快人工湿地基质挂膜。污泥取自山西省晋中市某污水处理厂生化处理系统的厌氧池。污泥取回后，将其稀释至 1000mg/L，采用蠕动泵与表面淋洒相结合的方式，一次性向装置的 2 个单元分别加入 4L 污泥。

### 5.1.3 试验水质与运行方式

试验用水取自该污水处理厂二级处理出水，水质见表 5-1。水中 $BOD_5/COD$ 较低，可生化性差。另外，由于试验进水 TP 浓度平均值为 0.10mg/L，优于 GB 3838—2002 中 IV 类水质标准，因此不作为水质检测指标。

表 5-1　　　　　　　　　　　试 验 用 水 水 质

| $COD_{Cr}$ /(mg/L) | TN /(mg/L) | $NH_4^+ - N$ /(mg/L) | $NO_3^- - N$ /(mg/L) | $NO_2^- - N$ /(mg/L) | TP | pH /(mg/L) |
|---|---|---|---|---|---|---|
| 20~40 | 8.27~12.57 | 0.19~0.59 | 7.16~11.23 | 0.004~0.090 | 0.043~0.650 | 7.5~8.5 |

试验时间为 2021 年 8 月 14 日—2021 年 10 月 24 日，湿地稳定运行 71d。试验期间水温从 26℃ 逐渐降至 16℃。前 41d，采用蠕动泵连续进水运行，通过转子流量计控制进水流量，水力停留时间 2d。考虑到生物炭碳源提供量不足以实现人工湿地深度脱氮，后 30d 通过外加碳源设计不同 C/N 值，分别采用连续流和间歇流的运行方式（水力停留时间 2d），共进行 4 组试验，探索人工湿地对污染物的去除效能。外加碳源阶段操作详情见表 5-2。未外加碳源阶段，每周测定 2 次水质；外加碳源阶段，于碳源投加 2d 后进行水质测定，每组试验重复 3 次（C/N 值为 8、间歇流试验组重复 6 次）。

表 5-2　　　　　　　人工湿地运行 C/N 和运行方式

| 试验阶段 | 运行 C/N 值 | 外加碳源 | 运行方式 | 水样采集位置 | HRT/d | 运行天数/d |
|---|---|---|---|---|---|---|
| 1~41d （未外加碳源） | 污水处理厂尾水 2~3 | 无 | 连续流 | 出水区 | 2 | 41 |
| 42~71d （外加碳源） | 4 | 乙酸钠 | 连续流 | 出水区 | 2 | 6 |
| | 8 | 乙酸钠 | 连续流 | 出水区 | 2 | 6 |
| | 6 | 乙酸钠 | 间歇流 | 基质区 | 2 | 6 |
| | 8 | 乙酸钠 | 间歇流 | 基质区 | 2 | 12 |

### 5.1.4 测试方法

COD 的测定采用快速密闭催化消解分光光度法；TN 的测定采用碱性过硫酸钾氧化-紫外分光光度法；$NO_3^- - N$ 的测定采用双波长比色法；$NO_2^- - N$ 的测定采用 N-（1-萘基）-乙二胺光度法；$NH_4^+ - N$ 的测定采用纳氏试剂分光光度法；采用便携式溶解氧测定

仪（JPBJ－608）测定水体 DO；采用 pH 计（pHS－3C）测定 pH；采用 pH 计（pHS－3C）和 501 ORP 复合电极测定 ORP。使用扫描电子显微镜（SEM，TESCAN MIRA LMS，捷克）观察湿地基质表面的微观形貌特征。

### 5.1.5　数据处理

数据通过 Excel 软件进行整理和计算，使用 Origin 2017 软件做图。

## 5.2　人工湿地基质表面形貌特征

挂膜前的生物炭表面有大量微孔结构，比表面积大，有利于吸附水中的污染物和微生物，并促进微生物附着生长 [图 5－2（a）]。挂膜后石英砂表面平整光滑，孔隙结构不明

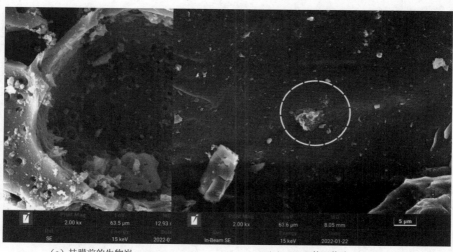

（a）挂膜前的生物炭　　　　　　　　　　（b）CW-N的石英砂

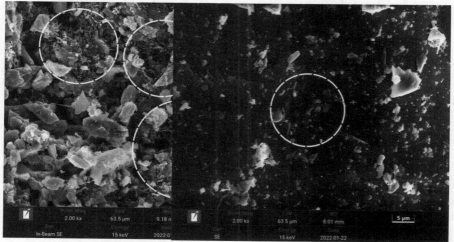

（c）CW-B的生物炭　　　　　　　　　　（d）CW-B的石英砂

图 5－2　挂膜前的生物炭与挂膜后湿地基质表面的 SEM 图（2000 倍）

显，仅能观察到少量丝状和膜状生物质，表明石英砂作为湿地基质的挂膜效果较差〔图5-2（b）、图5-2（d）〕。挂膜后的生物炭表面可以观察到大量网状和丝状细菌群落及其胞外聚合物，生物炭表面及其孔状结构被完全覆盖，生物膜结构密致。生物炭的添加，明显改善了湿地系统的挂膜效果，提高了湿地微生物生物量，有利于水中污染物去除〔图5-2（c）〕。

## 5.3　人工湿地对碳氮污染物的去除

### 5.3.1　COD

不同运行阶段人工湿地 COD 及其去除率的动态变化如图5-3所示。由图5-3可知，外加碳源前，人工湿地出水 COD 高于进水，且 CW-N 出水 COD 高于 CW-B，表明该条件下人工湿地对污水处理厂尾水中的 COD 没有去除作用。外加碳源后，不同碳源投加量和运行方式条件下，人工湿地表现出较高的 COD 去除率。连续流运行方式下，C/N 值分别为 4 和 8 时，CW-B 的出水 COD（5.97mg/L 和 2.11mg/L）均明显低于 CW-N（20.55mg/L 和 9.61mg/L）；随进水 C/N 值从 4 增至 8，CW-N 的 COD 去除率从37.88％增至90.44％，CW-B 的 COD 去除率从91.95％增至97.90％。

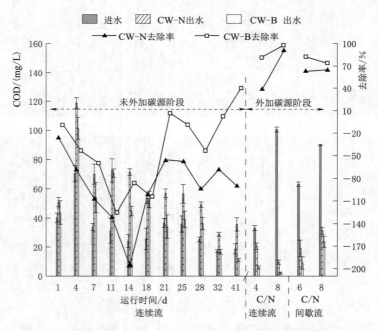

图 5-3　不同运行阶段人工湿地 COD 及其去除率的动态变化

间歇流运行方式下，C/N 值分别为 6 和 8 时，CW-B 的出水 COD（11.28mg/L 和 23.67mg/L）也均明显低于 CW-N（23.39mg/L 和 31.25mg/L）；随进水 C/N 值从 6 增至 8，CW-N 的 COD 去除率从63.01％增至65.15％，而 CW-B 的 COD 去

除率却从 82.16％降至 73.60％。整体上，CW－B 的 COD 去除率比 CW－N 高 5.66％～130.35％。

### 5.3.2 TN 和 $NO_3^- - N$

不同运行阶段人工湿地总氮和硝态氮浓度及去除率的动态变化如图 5－4 所示。由于试验进水中的 TN 以 $NO_3^- - N$ 为主（$NH_4^+ - N$ 和 $NO_2^- - N$ 的平均浓度分别仅为 0.40mg/L 和 0.03mg/L），因此 TN 和 $NO_3^- - N$ 去除规律相近。在未外加碳源阶段，运行初期人工湿地的 TN 和 $NO_3^- - N$ 去除率较高。随时间推移，CW－N 的 TN 去除率从最高的 58.87％降至 4.02％，$NO_3^- - N$ 去除率从最高的 45.22％降至－9.92％；而 CW－B 的 TN 去除率从最高的 87.97％降至 24.22％，$NO_3^- - N$ 去除率从最高的 60.84％降至 19.07％。

在外加碳源阶段，不同碳源投加量和运行方式条件下，人工湿地的 TN 和 $NO_3^- - N$ 去除率明显回升。连续流运行时，随进水 C/N 值从 4 增至 8，CW－N 的 TN 去除率从 29.67％降至 23.98％，$NO_3^- - N$ 去除率从 23.10％降至 22.84％；而 CW－B 的 TN 去除率从 29.39％增至 54.37％，$NO_3^- - N$ 去除率从 35.13％增至 52.74％。类似地，间歇流运行时，随进水 C/N 值从 6 增至 8，CW－N 的 TN 去除率从 32.40％降至 11.58％，$NO_3^- - N$ 去除率从 40.37％降至 11.16％；而 CW－B 的 TN 去除率从 41.73％增至 65.61％，$NO_3^- - N$ 去除率从 49.08％增至 74.20％。

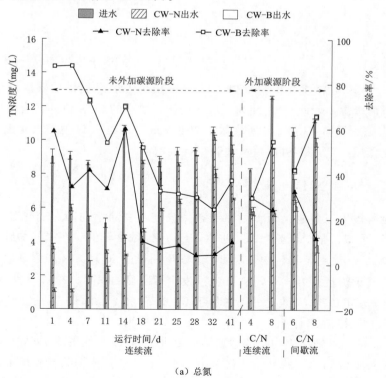

（a）总氮

图 5－4（一） 不同运行阶段人工湿地总氮和硝态氮浓度及去除率的动态变化

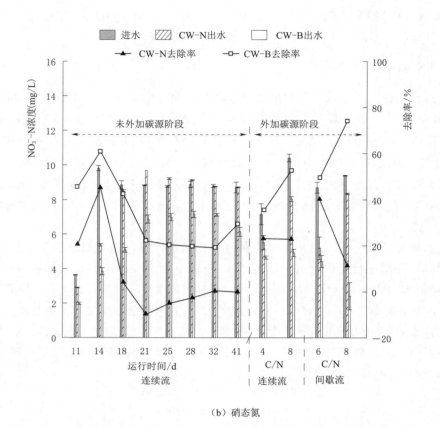

（b）硝态氮

图 5 - 4（二）　不同运行阶段人工湿地总氮和硝态氮浓度及去除率的动态变化

由于 CW - N 所含微生物生物量少，当 C/N 值为 8 时，提供的碳源可能超过湿地微生物反硝化所需碳源，因此与 C/N 为 4 或 6 相比，更高的 C/N 值并没有继续促进 TN 和 $NO_3^- - N$ 的去除。然而，CW - B 所含微生物生物量多，随 C/N 值增大，更多碳源可用于微生物反硝化作用，TN 和 $NO_3^- - N$ 去除率持续增大。

### 5.3.3　$NO_2^- - N$ 和 $NH_4^+ - N$

不同运行阶段人工湿地亚硝态氮和铵态氮浓度及去除率的动态变化如图 5 - 5 所示。由图 5 - 5（a）可知，整个试验期间，进水 $NO_2^- - N$ 浓度较低。在未外加碳源阶段，人工湿地出水 $NO_2^- - N$ 浓度无明显变化规律，未发生明显的 $NO_2^- - N$ 积累现象。在外加碳源阶段，尤其是间歇流运行方式下，$NO_2^- - N$ 发生了明显的积累；在 C/N 值为 6 时，CW - N 和 CW - B 出水 $NO_2^- - N$ 浓度分别增加了 21.94 倍和 21.34 倍；在 C/N 值为 8 时，分别增加了 32.88 倍和 75.11 倍。

由图 5 - 5（b）可知，生物炭的添加明显促进了 $NH_4^+ - N$ 去除，CW - B 的 $NH_4^+ - N$ 去除率比 CW - N 高 11%～86%。运行至第 11d 时，由于雨水混入试验用水，进水 $NH_4^+ - N$ 浓度显著下降，对 $NH_4^+ - N$ 去除率产生一定影响。

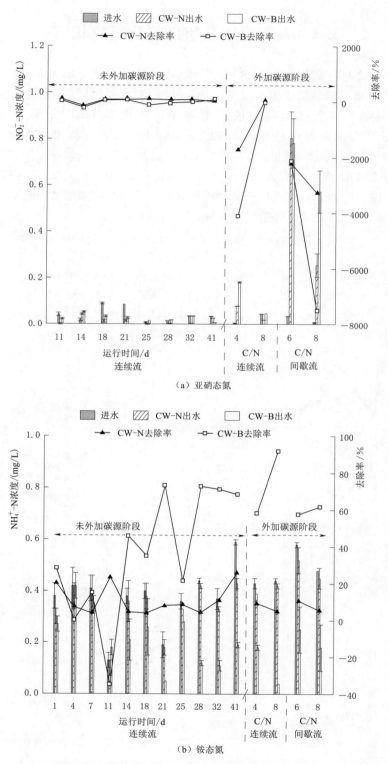

图 5-5　不同运行阶段人工湿地亚硝态氮和铵态氮浓度及去除率的动态变化

## 5.4　人工湿地基质区氧化还原状态

不同运行阶段人工湿地基质区 DO 浓度和 ORP 的动态变化如图 5-6 所示。湿地中 DO 和 ORP 的分布可以改变微生物群落结构，并间接影响氮转化过程，是湿地系统脱氮的重要影响因素。整个运行期间进水平均 DO 浓度和 ORP 分别为 4.13mg/L 和 217.40mV。由于湿地上部更易复氧，因此基质区 DO 浓度在垂直方向上呈下降趋势，CW-N 上、下部 DO 浓度分别为 0.59～2.81mg/L 和 0.50～1.75mg/L［图 5-6 (a)］，CW-B 上、下部 DO 浓度分别为 0.49～1.95mg/L 和 0.40～1.03mg/L［图 5-6 (b)］。在外加碳源阶段，CW-N 基质区下部 ORP 显著降至 42～143mV［图 5-6 (c)］，而 CW-B 基质区下部 ORP 显著降至 -38～99mV［图 5-6 (d)］。

与 CW-N 相比，CW-B 的平均 DO 浓度低 0～0.91mg/L，ORP 低 36.88～

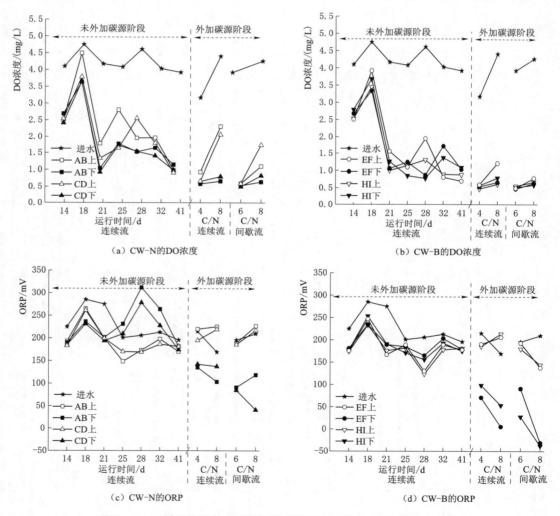

图 5-6　不同运行阶段人工湿地基质区 DO 浓度和 ORP 的动态变化

97.88mV，较低的 DO 和 ORP 更有利于反硝化作用进行，因此 CW - B 的 COD 和 $NO_3^- - N$ 去除率均较高。

## 5.5 碳源不足对微生物及出水 COD 浓度的影响

本研究所用污水处理厂尾水中有机物已很难被微生物降解利用。因此，若采用人工湿地技术对其进行深度处理，必须通过外加碳源改善其可生化性。外加碳源前，人工湿地出水 COD 高于进水，可能是接种污泥带入装置的微生物，由于得不到充足的可利用碳源，发生内源分解，导致出水 COD 升高。尾水中 TN 以 $NO_3^- - N$ 为主，而人工湿地中 $NO_3^- - N$ 的去除主要靠微生物的反硝化作用。由于进水 C/N 值低且可生化性差，同时生物炭的溶解性有机碳含量低（4.30mg/kg），导致反硝化微生物活性降低，TN 和 $NO_3^- - N$ 去除率也随之降低。

外加碳源后，不同碳源投加量和运行方式条件下，人工湿地的 COD、TN 和 $NO_3^- - N$ 去除率明显提高。相关研究表明，活性污泥微生物在 C/N 值为 0 时，可发生核苷酸代谢；在 C/N 值为 5 和 10 时，主要发生氮代谢、丁酸代谢和丙酸盐代谢；随 C/N 值升高，反硝化酶活性增强，TN 去除率从 8.3％增至 42.0％，且 COD 去除率大于 90％。因此，外加碳源有利于提高反硝化微生物活性，强化反硝化过程。

## 5.6 生物炭的添加对反硝化作用的影响

生物炭的添加有利于湿地基质的挂膜。SEM 分析表明，石英砂表面光滑平整，吸附性能弱，而生物炭拥有发达的孔隙结构，吸附性能强，可以给微生物提供更多吸附位点，提高微生物丰度和多样性，进而有利于碳氮污染物的去除。微生物反硝化是人工湿地脱氮的主要途径。CW - B 的 TN 和 $NO_3^- - N$ 去除率（TN 为 24.22％～87.97％，$NO_3^- - N$ 为 19.07％～74.20％）始终高于 CW - N（TN 为 4.02％～59.76％；$NO_3^- - N$ 为 -9.92％～45.22％），此现象与生物炭可提高人工湿地反硝化微生物的丰度和多样性有关。王涛研究发现，在未添加生物炭的人工湿地中，仅检测到反硝化细菌微小杆菌属（*Exiguobacterium*）、芽孢杆菌属（*Bacillus*）、假单胞菌属（*Pseudomonas*）；而在添加生物炭的人工湿地中，除上述菌属外，还检测到红杆菌属（*Rhodobacter*）和类固醇杆菌属（*Steroidobacter*）。在人工湿地中添加竹炭，可显著提高陶厄氏菌属（*Thauera*）、假单胞菌属（*Pseudomonas*）和脱氯单胞菌属（*Dechloromonas*）等反硝化细菌的相对丰度，同时 TN 去除率也提高了 2.5％～7.0％。

另外，生物炭表面含有丰富的含氧官能团，可通过表面络合、氢键和静电引力等作用，以及氧化还原反应，去除水中污染物。生物炭表面的醌基可以作为氧化还原介体促进微生物反硝化作用。Zheng 等研究发现，添加污泥生物炭和香蒲生物炭基质人工湿地的电子传递系统活性分别提高了 $0.698\mu g/(g \cdot min)$ 和 $0.145\mu g/(g \cdot min)$（以每克蛋白质产生 $O_2$ 计），COD 去除率分别提高了 17.33％和 3.75％，TN 去除率分别提高了 24.29％和 14.08％。

## 5.7 外加碳源对 $NO_2^- - N$ 积累的影响

外加乙酸钠做碳源后，人工湿地的 COD 和 $NO_3^- - N$ 去除率显著提高，但同时发生了明显的 $NO_2^- - N$ 积累现象（出水 $NO_2^- - N$ 浓度最高达进水的 75.11 倍）。殷芳芳等研究了不同碳源类型对反硝化作用的影响，发现用乙酸钠做碳源时，反硝化细菌的反硝化速率远快于其他碳源，但反硝化效率仅 48%，部分氮污染物以 $NO_2^- - N$ 形式积累。此现象与乙酸钠的代谢途径有关，乙酸盐类物质在反硝化过程中转化为乙酰辅酶 A，然后进入三羧酸循环，而不生成还原型辅酶 I，还原型辅酶 I 是微生物可利用的能源物质。在以乙酸钠为碳源的反硝化过程中，由于还原型辅酶 I 的缺乏，导致能源物质不足，进而造成 $NO_2^- - N$ 积累，且在低 C/N 值时表现更显著。本研究也发现，在外加碳源阶段，较低 C/N 值时，$NO_2^- - N$ 积累更显著（连续流，C/N 值为 4 时出水 $NO_2^- - N$ 浓度是 C/N 值为 8 时的 3.87～4.18 倍；间歇流，C/N 值为 6 时出水 $NO_2^- - N$ 浓度是 C/N 值为 8 时的 1.37～3.15 倍）；而随 C/N 值升至 8 时，由于碳源增多，积累的 $NO_2^- - N$ 也被逐渐去除。类似地，董晓莹等研究了 C/N 值对反硝化过程 $NO_2^- - N$ 积累的影响，发现较低的 C/N 值有利于 $NO_2^- - N$ 积累，这是由于在反硝化过程中，$NO_3^- - N$ 优先于 $NO_2^- - N$ 还原，碳源限制导致 $NO_2^- - N$ 无法继续还原为 $N_2$；随 C/N 值升高，$NO_2^- - N$ 积累量持续增加，但当继续升高 C/N 值时，$NO_2^- - N$ 积累量又降低。

## 5.8 本章小结

（1）外加碳源前，人工湿地的 COD 去除率为负，TN 和 $NO_3^- - N$ 去除率持续降低，且 CW - B 的碳氮污染物去除率高于 CW - N；而外加碳源后，CW - N 和 CW - B 的 COD 去除率分别增至 37.88%～90.44% 和 73.60%～97.90%，TN 和 $NO_3^- - N$ 去除率也明显提高，尤其是 CW - B，表明外加碳源缓解了反硝化微生物的内源呼吸，促进了碳、氮污染物去除。

（2）生物炭的添加，为微生物提供了更多吸附位点，有利于微生物附着生长，提高了湿地微生物生物量；同时创造了有利于反硝化作用发生的氧化还原环境，使 CW - B 的 COD、TN 和 $NO_3^- - N$ 去除率分别提高 5.66%～130.35%、9.34%～54.03% 和 8.71%～63.04%。

# 第6章 生物炭基人工湿地强化实际污水厂尾水生物脱氮的机理

废水的回收与再利用是缓解水资源短缺和水污染问题的有效手段。污水处理厂（WWTP）尾水是最主要的再生水来源，提高尾水的循环再利用是缓解缺水问题的重要策略。尾水 $NO_3^- - N$ 浓度高、碳氮比低、生化性能差、排放量大、排放时间集中，未经净化就排入水体，易引起水体水质恶化和水体富营养化等问题。为了利用尾水资源，有效保护水生态系统，需要对其进行深度处理。

人工湿地（CWs）是处理尾水的有效手段。目前，改进 WWTP 处理能力主要有两种方法：建造新的处理池作为额外的处理步骤，或通过引入新技术来改进污水处理工艺，但两种方法均增加了污水厂的建设和运营成本。自 20 世纪 50 年代以来，CWs 逐渐被用于污水厂尾水等低污染水体的处理，处理过程是由 CWs 中的底物、植物、微生物的三重协同作用实现的。在废水处理技术需要低成本、低风险和低环境影响的背景下，CWs 的应用已经广泛应用于工程实践，具有相当高的污染物去除效率和生态效益。

生物炭作为一种新型环保材料，由于其优越的吸附性和氧化还原活性，近年来越来越多地应用于环保领域。在人工湿地中添加生物炭，可以促进电子转移过程，加速有机物和 DO 的消耗，形成好氧-缺氧界面。好氧-缺氧界面的形成为氮转化的各种途径提供了良好的氧化还原条件，包括硝化、反硝化、异化还原为氨（DNRA）和厌氧氨氧化。DO 通过在需氧-缺氧转化过程中修饰微生物群落、细菌共现和功能基因，间接影响硝酸盐的转化。生物炭可以通过提供合适的微生物附着点位来提高物种丰富度和群落多样性，进而提高硝化和反硝化微生物的相对丰度、氮去除关键功能基因的丰度以及硝化和反硝化相关酶的活性。Liang 等在 HSCW 中添加生物炭，发现生物炭的添加增加了变形菌门和 *Thauera* 等反硝化菌属的相对丰度，同时，由于生物炭的加入，操作分类单元数（OTUs）的数量、Chao 指数和 Shannon 值均有所增加，证实了微生物多样性的增加。Jia 等研究了添加竹子生物炭（10%，质量比）对实际尾水净化效果的影响，使用石英砂和土壤（质量比 1∶1）作为 HSCW 的基质，发现生物炭的添加优化了微生物群落结构，提高了反硝化菌属的相对丰度，从而提高了 HSCW 的 TN 去除率。

为深入研究添加生物炭对人工湿地深度净化实际污水厂尾水的影响机制，采用石英砂和生物炭的组合作为湿地基质（记为 CW-B），同时以石英砂基质为对照（记为 CW-N）。试验启动前接种污水厂厌氧池污泥以引入微生物，挂膜结束后，以乙酸钠作外加碳源设计不同的进水碳氮比，观察 CW-N 和 CW-B 对不同进水碳氮比的响应。分析生物炭对 HSCWs 氧化还原环境、微生物群体结构和氮去除关键酶活性的影响，探究生物炭影响 HSCW 深度处理实际尾水的微生物机制，为构建生物炭基人工湿地提供理论依据。

# 6.1    材 料 与 方 法

## 6.1.1    水平潜流人工湿地装置的构建

水平潜流人工湿地装置的构建和启动，同第 5 章。

## 6.1.2    人工湿地运行及水质分析

在第 5 章研究基础上，以间歇流运行方式继续运行，HRT 为 2d，通过 4 个取样杆将乙酸钠溶液均匀地加入基底区域，使进水 C/N 值分别为原水（2.55 和 3.20）、4、6、8 或 10。反应 2d 后，每个湿地单元通过 4 个采样杆在距离基质区底部 200mm 高度处取样作为出水，测定出水 COD、TN、$NO_3^- - N$、$NO_2^- - N$、$NH_4^+ - N$ 浓度，测定方法参照原国家环境保护总局（2002）。

通过 4 个采样杆分别在距离基质区底部 200mm 或 50mm 采集水样测定 DO、ORP 和 pH，将 4 个样本测得的结果取平均值，CW-N 中分别定义为 Q 或 QZ，CW-B 中分别为 QB 或 QBZ。DO 采用 JPBJ-608 便携式溶解氧计进行测量，ORP 使用 pH 仪（pHS-3C）和 501 ORP 复合电极测量，pH 使用 pH 仪（pHS-3C）测量。

之后，在最佳 C/N 条件下，研究 COD、TN、$NO_3^- - N$、$NO_2^- - N$、$NH_4^+ - N$ 浓度随 HRT（1d、2d、3d 和 4d）变长的变化规律，以及基质区 DO、ORP 和 pH 的变化。

## 6.1.3    微生物群落结构分析与功能基因预测

在不同的 C/N 和 HRT 下进行试验后，人工湿地在 C/N 为 8 和 HRT 为 2d 的条件下运行 20d。然后从 CW-N 的中部（距底部 200mm）和底部（距底部 50mm）的中央收集大约 $200cm^3$ 的代表性基质，分别命名为 Q 和 QZ。同样，从 CW-B 中相同位置收集到的基质分别定义为 QB 和 QBZ。用相应湿地单元的 200mL 出水冲洗 3 次，然后放入超声波清洗器中洗涤 20min，以获得微生物混合液。

通过滤膜（0.22μm）过滤 100mL 微生物混合液，将滤膜保持在 -20℃。用 E. Z. N. A° 土壤 DNA 试剂盒（Mmega，USA）提取总 DNA，在 Illumina Miseq 平台上对细菌 16S rRNA 的 V3~V4 可变区进行高通量测序分析。通过每个样本平均 40000 条测序数据分析微生物群落结构，并对在大于等于 97% 相似性水平下获得的所有序列进行 OTU 聚类。

为了进一步预测微生物群落的功能，利用 PICRUSt 对序列数据进行了进一步的分析，并通过查询 KEGG 数据库获得了反硝化基因的结果。原核生物类群数据库 12 的功能注释（FAPROTAX，v1.2.3）也用于预测基质中细菌类群的功能，FAPROTAX 通常用于环境样本中生物地球化学循环的功能注释和预测。

## 6.1.4    NAR 和 NIR 活性测定

根据 Zheng 等和 Hu 等报道的方法，采用从 Q、QZ、QB、QBZ 中获得的 40mL 微生物混合液进行 NAR 和 NIR 活性测定。将微生物悬液以 10000r/min 离心 5min，以富集微生物。然后用 10mL 磷酸盐缓冲盐水（PBS，0.1M）冲洗 3 次，以去除混合物中可能影响实验结果的残留氮。然后在离心管中加入 4mL PBS，混合后将微生物样品在 4℃操作条件下，使用超声波破碎仪（200W，5min）破坏微生物菌体，释放菌体中的酶。随后，将所得样品用高速低温离心机以 12000r/min 离心 10min。离心后的上清液即为酶活性溶液，因此取上清液来测定反硝化酶的活性。将 0.7mL 所得到的酶活性溶液加入到 1.4mL 的酶测定混合物（包括电子供体和电子受体）中。酶测定混合物包括 0.1M PBS、10mM $Na_2S_2O_4$、10mM 甲基紫精作为电子供体和 2mM 电子受体（$NO_3^- - N$ 或 $NO_2^- - N$）。反应 30min（30℃）后，用分光光度法测定 $NO_2^- - N$ 的浓度，分别通过 $NO_2^- - N$ 的增加量和减少量计算 NAR 和 NIR 活性。

### 6.1.5　SEM 取样与分析

SEM 取样位置与微生物群落结构和酶活性分析时取样位置相同，分别取 CW - N 和 CW - B 中的沸石和石英砂、CW - B 中试验结束后的生物炭和使用前的生物炭，经过清洗、固定、脱水和干燥后，用扫描电镜（Mreck，TESCAN MIRA LMS）观察上述样品的微观结构。

### 6.1.6　数据处理与分析

采用 Microsoft Excel 2016 和 Origin 2017 进行数据处理和图形绘制。所有指标均重复测量 3 次，结果以平均±标准差表示，采用 SPSS.25 进行统计分析。

# 6.2　不同 C/N 条件下各污染物去除效果

如图 6-1 所示，随着碳氮比（C/N）从 3.20 增加到 10，COD 去除率逐渐增加。然而，C/N 在 8 和 10（CW - N 为 2.60%、CW - B 为 2.41%）之间的 COD 去除率的增加程度远小于 C/N 在 6 和 8（CW - N 为 21.08%、CW - B 为 18.43%）之间的增加程度。因此，8 可能是人工湿地 COD 去除的最佳碳氮比。在 C/N 为 8 时，CW - B（23.67mg/L）的出水 COD 浓度低于 CW - N（31.25mg/L），而 CW - B（73.60%）的 COD 去除率高于 CW - N（65.15%）。CW - B 的 COD 去除率高于 CW - N，说明添加生物炭有利于去除 COD。

由于尾水中的 TN 以 $NO_3^- - N$ 为主，因此在不同的碳氮比条件下，TN 和 $NO_3^- - N$ 的去除规律相似。CW - N 和 CW - B 的 TN 去除率分别在 -7.62% ~ 11.58% 和 50.34% ~ 65.61% 之间。同样，CW - N 和 CW - B 对 $NO_3^- - N$ 的去除率分别在 -12.83% ~ 11.16% 和 44.93% ~ 74.20% 之间。在 C/N 为 8 时，两种湿地单元的 TN 和 $NO_3^- - N$ 去除率最高，CW - N 分别为 11.58% 和 11.16%，CW - B 分别为 65.61% 和 74.20%。生物炭的添加促进了人工湿地中 TN 和 $NO_3^- - N$ 的去除。CW - B 的 TN 去除率比 CW - N 高 44.98% ~ 58.44%，CW - B 的 $NO_3^- - N$ 去除率比 CW - N 高 50.81% ~ 63.04%。

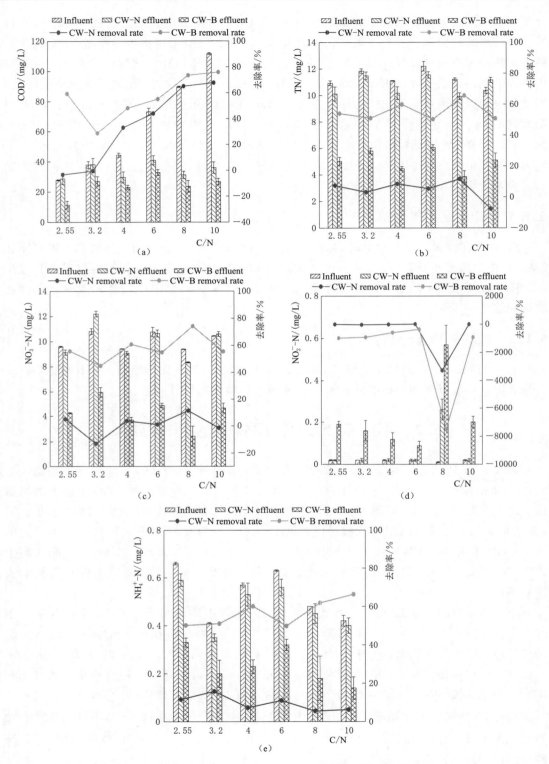

图 6-1　HRT 为 2d，不同 C/N 下 COD 和氮污染物的去除率

在不同碳氮比下，CW－N（0.02～0.26mg/L）和 CW－B（0.09～0.57mg/L）均发生了 $NO_2^- - N$ 积累，C/N 为 8 时，$NO_2^- - N$ 积累浓度（CW－N 为 0.26mg/L、CW－B 为 0.57mg/L）最高，而此时 TN 和 $NO_3^- - N$ 的去除率最高。

尾水中 $NH_4^+ - N$ 浓度低于 1mg/L。即使在低 $NH_4^+ - N$ 浓度下，CW－N 和 CW－B 仍显示出了去除 $NH_4^+ - N$ 的能力，特别是 CW－B，CW－B 的 $NH_4^+ - N$ 去除率比 CW－N 高 35.25%～60.12%，这可能是除了生物炭对 $NH_4^+ - N$ 的吸附以外，还有 AOA 和 AOB 在人工湿地中进行生物氨氧化过程去除了一部分 $NH_4^+ - N$。

CW－N 的 Q 和 QZ 的 DO 浓度分别为 1.42～2.90mg/L 和 0.73～2.17mg/L。然而，CW－B 的 QB 和 QBZ 的 DO 浓度分别为 0.72～1.13mg/L 和 0.61～0.85mg/L。CW－B 的 DO 浓度显著低于 CW－N（平均值为 0.41～1.54mg/L）。主要原因可能是（好氧反硝化细菌）ADB 在 CW－B 中的好氧反应更强烈，在水中消耗了大量的 DO，导致 DO 浓度较低。值得注意的是，在 C/N 为 8 时，出水 DO 浓度较低，更适合反硝化作用的进行，导致 CW－B 的 TN 和 $NO_3^- - N$ 去除率高，如图 6－2（a）所示。

CW－B 基质区中部和底部的 ORP 均显著低于 CW－N。总体而言，ORP 的规律表现为 Q（157.5～222.3mV）＞QB（18.5～180.25mV）＞QZ（－54.5～197.5mV）＞QBZ（－128.8～13.5mV）。此外，外加碳源后，人工湿地基质区底层（QZ 和 QBZ）的 ORP 下降，这可能是由于好氧异养微生物消耗 DO 和有机物导致的，如图 6－2（b）所示。

CW－B（QB，7.38～7.78；QBZ，7.45～7.79）的 pH 显著高于 CW－N（Q，7.13～7.59；QZ，6.89～7.70），这可能是 CW－B 增强反硝化导致的，因为反硝化是一种产碱过程，会导致环境 pH 升高。总体而言，pH 表现为了 QBZ＞QB＞QZ＞Q，如图 6－2（c）所示。

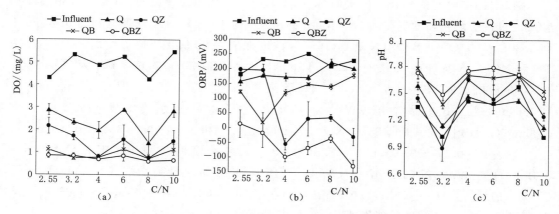

图 6-2　HRT 为 2d，不同 C/N 下 DO、ORP 和 pH 的动态变化

在 C/N 为 8 时，测定 COD、TN、$NO_3^- - N$、$NO_2^- - N$、$NH_4^+ - N$ 随 HRT 变长的动态变化，探究生物炭对 HSCW 深度处理污水厂尾水的效果，如图 6－3 所示。在 HRT 为 1d 时观察到 CW－N 和 CW－B 分别为 23.37mg/L 和 21.00mg/L。然而，在 HRT 为 2d 时，出水 COD 浓度略有增加（CW－N 和 CW－B 分别为 30.84mg/L 和 28.10mg/L）。结果表明，

外加碳源进入湿地后消耗被迅速，微生物营养不足，发生内源呼吸导致 COD 又升高。CW-B 的 COD 去除率与 CW-N 在反应前 2d 差异不显著，在 HRT=3d 之后显著高于 CW-N。

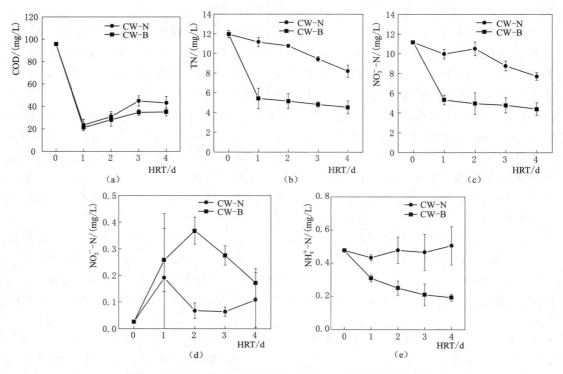

图 6-3    C/N 为 8，不同 HRT 下 COD 和氮污染物的去除

随着 HRT 时间的延长，出水的 TN 和 $NO_3^-$-N 浓度逐渐降低。CW-B 中 TN 和 $NO_3^-$-N 的去除主要发生在第 1d，第 1d 的出水 TN 和 $NO_3^-$-N 浓度分别为 5.41mg/L 和 5.30mg/L，CW-B 中 TN 和 $NO_3^-$-N 浓度在最后 3d 缓慢下降。然而，CW-N 中 TN 和 $NO_3^-$-N 浓度在 4d 缓慢下降，第 1d 的出水 TN 和 $NO_3^-$-N 浓度分别为 11.16mg/L 和 9.96mg/L。CW-B 的 TN 和 $NO_3^-$-N 去除速率 [TN 和 $NO_3^-$-N 分别为 1.86mg/(L·d) 和 1.69mg/(L·d)] 远高于 CW-N [TN 和 $NO_3^-$-N 分别为 0.94mg/(L·d) 和 0.86mg/(L·d)]，尤其是前 2d [TN 为 3.41mg/(L·d) 和 $NO_3^-$-N 为 3.11mg/(L·d)]。

CW-B（0.17~0.37mg/L）的出水 $NO_2^-$-N 浓度明显高于 CW-N（0.06~0.19mg/L）。CW-N 的 $NO_2^-$-N 浓度在 HRT 为 1d 时上升到峰值（0.19mg/L），而 CW-B 的最高 $NO_2^-$-N 浓度（0.37mg/L）在第 2d 时出现。结果表明，反硝化进行更剧烈的 CW-B 在人工湿地反硝化过程中积累了大量的 $NO_2^-$-N。

随着 HRT 时间的延长，CW-B 出水 $NH_4^+$-N 浓度逐渐降低，而 CW-N 在 4d 的全周期内无明显变化。CW-N 的 $NH_4^+$-N 浓度比 CW-B 整体高 0.13~0.31mg/L，这可能是由于生物炭具有较好的吸附性能。

进水的 DO 浓度为 5.09mg/L。外加碳源使进水碳氮比为 8 后，DO 浓度在前 2d 急剧下降，尤其是 CW-B。总体而言，DO 浓度规律表现为 QBZ<QB<QZ<Q。此外，CW-N

的 Q 和 QZ 基质区（分别为 1.08mg/L 和 0.81mg/L）和 CW－B 的 QB 和 QBZ 基质区（分别为 0.82mg/L 和 0.78mg/L）的 DO 浓度均高于 0.50mg/L，说明 CW－N 和 CW－B 的微环境均为好氧环境，如图 6－4（a）所示。

进水的 ORP 为 184mV。由于 ORP 受到 DO 浓度的显著影响，ORP 在前 2d 也呈与 DO 一致急剧下降的趋势。CW－B 的基质区 ORP 均低于 CW－N，总体表现为 ORP 与 QBZ＜QZ＜QB＜Q 的顺序一致。其主要原因是 CW－B 中微生物的好氧活动较强，消耗了大量的 COD 和 DO，导致 ORP 下降较快，如图 6－4（b）所示。

进水的 pH 为 7.36。随 HRT 变长，Q、QZ、QB 和 QBZ 的 pH 在前 2d 分别增加，说明反硝化是一种产碱过程，不同基质区均发生了不同程度的反硝化。CW－B 的 pH 比 CW－N 总体高 0.15～0.40，说明生物炭增强了 CW－B 的反硝化作用，如图 6－4（c）所示。

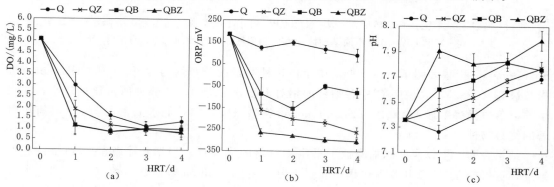

图 6－4　在 C/N 为 8，不同 HRT 下湿地内 DO、ORP 和 pH 的动态变化

## 6.3　微生物群落结构分析与功能预测

### 6.3.1　OTU 聚类分析和基于 OTU 的多样性

OTU 数较多，表明微生物多样性越高。从图 6－5（a）中可以看出，这 15 个区域（4 个样本）共包含 2417 个 OTUs。CW－N 中 Q 和 QZ 的 OTUs 分别为 1962 和 1646，CW－B 中 QB 和 QBZ 的 OTUs 分别为 1910 和 1821。其中，Q、QZ、QB 和 QBZ 的唯一 OTUs 分别为 190、73、99 和 75。显然，样品的 OTU 数规律为 Q＞QB＞QBZ＞QZ。优势 OTU 的相对丰度与 OTU 数的规律相反，为 Q＜QB＜QBZ＜QZ，见图 6－5（b）。因此，QB 的微生物多样性低于 Q，而 QB 的优势 OUT 的相对丰度则高于 Q。

此外，QZ 与 QBZ 之间的样本差距最小，表明它们的微生物多样性的相似度最高，这可能是由于人工湿地基质材料（沸石）相同所致。

对每个样本的约 40000 条序列进行了 alpha 多样性分析。通过高通量测序分析获得的文库覆盖率均大于 0.99，说明样本中几乎所有的序列都进行了测序。

Chao、Ace 和 Shannon 指数越高，或 Simpson 指数越低，说明微生物群落多样性越高。因此，4 个样品的微生物群落多样性由高到低分别为 Q＞QB＞QBZ＞QZ。此外，

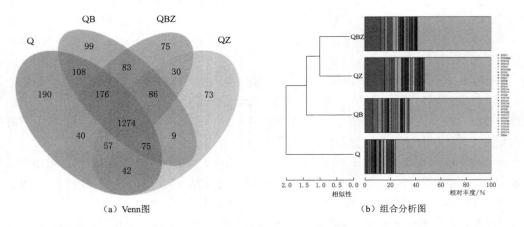

（a）Venn图　　　　　　　　（b）组合分析图

图 6-5　Venn 图显示了 OTUs 在 CW-N 和 CW-B 中不同基质区的差异；组合分析图显示了
CW-N 和 CW-B 中不同基质区样本的相似性、差异性和 OUT 的相对丰度

Shannoneven 指数表明了微生物群落中个体物种数量的分布均匀程度。Q 的 Shannoneven
指数最高（0.8257），说明 Q 中各物种的相对丰度分布均匀，优势种所占比例较小，在微
生物群落中优势不显著。QB 的 Shannoneven 指数（0.7803）低于 Q，说明 QB 具有更显
著的优势物种。

结果表明，生物炭的添加降低了微生物群落的多样性，但增加了优势 OTUs 的相对
丰度，这可能在 COD 和脱氮过程中起着重要作用。由 alpha 多样性指数（表 6-1）所显
示的结果与由组合分析图 [图 6-5（b）] 所表示的结果一致。

表 6-1　　　　　　　　　　　　　alpha 多样性指数表

| Sample | Chao | Ace | Shannon | Simpson | Coverage | Shannoneven |
|--------|------|-----|---------|---------|----------|-------------|
| Q | 2007.18 | 2036.28 | 6.26 | 0.0047 | 0.9974 | 0.8257 |
| QZ | 1782.07 | 1802.59 | 5.18 | 0.0327 | 0.9956 | 0.6998 |
| QB | 2003.81 | 2007.68 | 5.89 | 0.0105 | 0.9970 | 0.7803 |
| QBZ | 1931.95 | 1961.01 | 5.47 | 0.0230 | 0.9961 | 0.7293 |

### 6.3.2　基于门水平的微生物群落结构分析

从 CW-N 和 CW-B 中采集的 4 个样品的优势菌门分布规律如图 6-6（a）所示。在
门水平上，有多种优势菌参与了氮的转化，而生物炭的加入导致 QB 中优势菌的相对丰度
与 Q 存在较大差异。

*Proteobacteria*（变形菌门）是自然界最常见的细菌门，在 Q、QZ、QB 和 QBZ 中的
相对丰度分别为 34.97％、50.13％、39.65％和 46.95％。变形菌门是好氧环境下与氮素
转化相关的主要菌门。*Bacteroidetes*（拟杆菌门）在 4 个样品中的相对丰度分别为
10.02％、11.48％、14.52％和 10.18％。拟杆菌门主要通过化能异养方式消耗有机物，
有研究表明该门类参与了反硝化过程，可能与 $N_2O$ 的还原有关。

*Chloroflexi*（绿弯菌门）是兼性厌氧菌，在光合作用中不产生氧，不能固定氮但能
促进反硝化，可以利用凋亡的 Anammox 细菌作为碳源进行异养生长，在 Q、QZ、QB 和

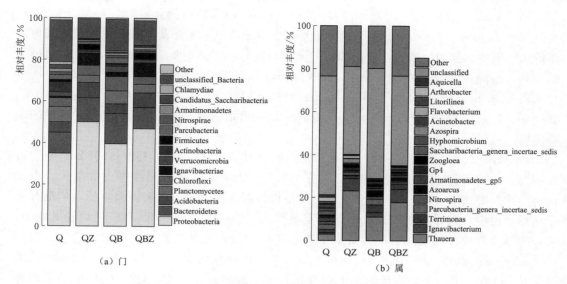

图 6-6 人工湿地微生物相对丰度在门和属水平上的变化

QBZ 中的相对丰度分别为 4.17％、4.85％、6.92％和 3.62％。据报道，Ignavibacteriae 在厌氧氨氧化反应器中占主导地位，可以分解在 EPS 基质中结合的有机物，同时还原 $NO_3^- - N$ 和 $NO_2^- - N$，在 Q、QZ、QB 和 QBZ 的相对丰度分别为 0.75％、5.81％、2.07％和 6.78％。Anammox（Candidatus Brocadia sinica）和属于 Ignavibacteriae 和 Chloroflexi 门的细菌可能相互作用，促进氮污染物的去除。

*Planctomycetes*（浮霉菌门）是特殊的好氧细菌，同时该门中含有的厌氧氨氧化菌能够进行厌氧氨氧化过程（$NH_4^+ + NO_2^- \longrightarrow N_2 \uparrow + 2H_2O$）实现脱氮，在 Q、QZ、QB 和 QBZ 中的相对丰度分别为 7.29％、3.46％、6.20％和 4.15％，虽然生物炭的添加没有增加其比例，但其与其他菌属共同作用，促进 $NO_3^- - N$ 去除。

*Nitrospirae*（硝化螺菌门）是一种革兰氏阴性菌，其中 *Nitrospira spp* 作为硝化细菌，可以将亚硝酸盐氧化为硝酸盐不利于脱氮，在 Q、QZ、QB 和 QBZ 中的比例分别为 1.30％、1.49％、1.12％和 0.73％，生物炭的添加减小了该菌门的相对丰度。

## 6.3.3 基于属水平的微生物群落结构分析

*Thauera*、*Terrimonas*、*Ignavibacterium*、*Zoogloea*、*Azoarcus* 和 *Hyphomicrobium* 等是 HSCW 中的主要优势反硝化菌属，生物炭的加入增加了优势反硝化菌属的相对丰度，从而促进了 $NO_3^- - N$ 的去除。

4 个样品中相对丰度最高的菌属是 *Thauera*，属于 Rhodocyclaceae 科和 Betapro-teobacteria 类，是工业废水处理中有机物降解和脱硝的重要菌群。*Thauera* 是一种好氧反硝化菌（ADB），可以在好氧条件下通过反硝化作用去除硝酸盐，生长在以乙酸盐为碳源和电子供体的有氧条件下，也能利用氢气、二氧化碳和空气进行自养生长，在自养和异养状态下均具有反硝化能力，在 Q、QZ、QB 和 QBZ 中分别占 2.96％、23.17％、10.99％和 17.72％，是 HSCW 中占主导地位的优势菌属。

*Terrimonas* 也是一种 ADB，在 Q、QZ、QB 和 QBZ 的比例分别为 1.41％、1.37％、3.63％和 2.30％。*Terrimonas* 可分泌疏水 EPS 促进厌氧氨氧化菌聚集，从而提高细菌群落的厌氧氨氧化能力，当进水亚硝酸盐浓度较高的时，可防止亚硝酸盐对厌氧氨氧化过程的抑制。*Ignavibacterium* 也是一种 ADB 细菌，其基因可以编码亚硝酸盐还原酶、一氧化氮还原酶和氧化亚氮还原酶，在 Q、QZ、QB 和 QBZ 中的比例分别为 0.73％、5.68％、1.97％和 6.29％。同时 *Ignavibacterium* 也是 Anammox 体系中利用乙酸钠的主要菌属。

*Zooglea* 也是 ADB 的一种，常见于活性污泥中，在 Q、QZ、QB 和 QBZ 中分别占 0.63％、1.13％、1.02％和 0.63％。在好氧条件下时，有显著的硝酸盐去除能力。由于能够形成絮凝菌团，*Zooglea* 一直被认为是活性污泥絮凝形成的代表性微生物，广泛存在于活性污泥中，在污水处理过程中起着重要作用。*Zooglea.N299* 具有较强的脱氮能力，可作为微生物接种剂投加到微污染水生态系统中进行硝化和反硝化去除氮污染物。*Hyphomicrobium* 也是一种 ADB，丝状微生物，常见于活性污泥中。*Hyphomicrobium* 的最适生长 pH 在 7.0 以上，在厌氧和低营养条件下生长较好。在 Q、QZ、QB 和 QBZ 的比例分别为 1.27％、0.57％、0.65％和 0.66％。碳源的长期缺乏可能解释了 Q 中 *Hyphomicrobium* 的相对丰度高于 QB 的原因。

*Azoarcus* 是一种兼性自养细菌（FAB），无论碳源的量如何，都能进行反硝化作用，在 Q、QZ、QB 和 QBZ 的相对丰度分别为 0.07％、0.09％、2.78％和 1.60％。*Azospira* 同时具有反硝化和固氮功能，可以在微好氧条件下固氮，并与反硝化功能基因 nosZ 一起参与反硝化过程，在 Q、QZ、QB 和 QBZ 的比例分别为 0.14％、2.00％、0.23％和 0.63％。*Nitrospira* 属于亚硝酸盐氧化菌（NOB），在有氧条件下可将 $NO_2^- - N$ 氧化为 $NO_3^- - N$，在 Q、QZ、QB 和 QBZ 的比例分别为 1.30％、1.49％、1.12％和 0.73％，生物炭的添加减小了该菌属的相对丰度，增加了反硝化菌属的相对丰度，优化了微生物群落结构。

### 6.3.4　细菌群落的功能预测

通过对细菌 16S rRNA 基因的高通量测序分析，采用 PICRUSt 算法对 4 个样本中的功能基因进行了预测，如图 6-7（a）所示。QB 中 *narG*、*narH*、*napA*、*nirK*、*norB*、*nosZ* 和 *nrfA* 的相对丰度均高于 Q，说明生物炭的添加增加了几乎所有反硝化功能基因的相对丰度，促进了人工湿地中硝酸盐的去除。可以推测，考虑到 *nosZ* 相对丰度的增加，添加生物炭可能会显著减少人工湿地的 $N_2O$ 排放。

值得注意的是，CW-N 和 CW-B 中 *nirK* 的相对丰度均远低于其他反硝化功能基因，这可能导致 $NO_2^- - N$ 的短暂积累。此外，亚硝酸盐转化为一氧化氮可能是人工湿地中反硝化作用的限速步骤，如图 6-7（a）所示。

基于 4 个样品的碳/氮代谢的微生物生态功能预测如图 6-7（b）所示。微生物样本的优势功能主要包括化学异养、有氧化学异养、硝酸盐还原、硝酸盐代谢、氮代谢和亚硝酸盐代谢等过程。生物炭的添加增强了人工湿地的上述代谢功能和微生物的碳、氮循环。此外，CW-N 的硝化和需氧亚硝酸盐氧化功能丰度高于 CW-B，而这两种功能不利于硝酸盐的去除。

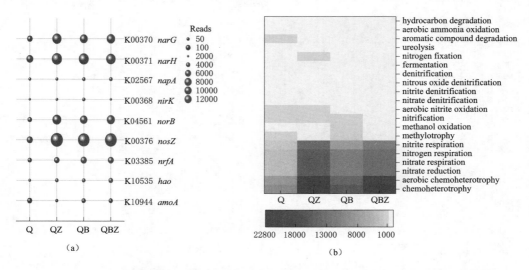

图 6-7　基于 PICRUSt 算法的反硝化功能基因预测和基于 FAPROTAX 的生态功能预测

## 6.4　人工湿地内生物膜的酶活性分析

　　QB 和 QBZ 的 NAR 酶活性 $[0.0003\mu mol/(mL \cdot h)$ 和 $0.0003\mu mol/(mL \cdot h)$ 生物膜混合液] 分别低于 Q 和 QZ $[0.0004\mu mol/(mL \cdot h)$ 和 $0.0005\mu mol/(mL \cdot h)$ 生物膜混合液]，但 QB 和 QBZ $[0.0832\mu mol/(mL \cdot h)$ 和 $0.0921\mu mol/(mL \cdot h)$ 生物膜混合液] 的 NIR 酶活性分别高于 Q 和 QZ $[0.0603\mu mol/(mL \cdot h)$ 和 $0.0763\mu mol/(mL \cdot h)$ 生物膜混合液]，但 QB 和 QZ 之间没有显著差异（图 6-8）。此外，NAR 和 NIR 活性分别与 $NO_3^- - N$ 和 $NO_2^- - N$ 浓度呈显著正相关（NAR：$R^2 = 0.93$，$P < 0.01$；NIR：$R^2 = 0.88$，$P < 0.01$）（图 6-9）。考虑到 CW-B 的 $NO_3^- - N$ 去除率比 CW-N 高 $50.01\% \sim 63.04\%$，而 CW-B 的 $NO_2^- - N$ 积累浓度也比 CW-N 高，推测 NAR 和 NIR 活性也表明生物炭促进了 HSCW 的反硝化作用。

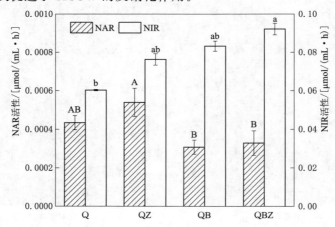

图 6-8　Q、QZ、QB 和 QBZ 四个样本的 NAR 和 NIR 活性。不同的大写（小写）字母
表示四个样本之间的 NAR（NIR）活性存在显著差异（$P < 0.05$）

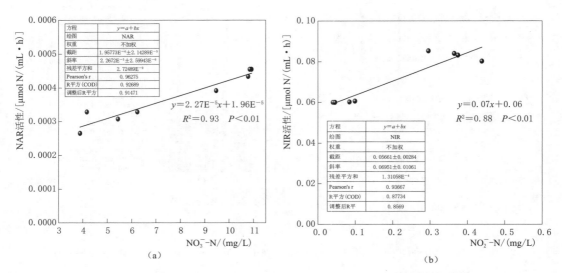

图 6-9　NAR 活性与 $NO_3^- - N$ 浓度、NIR 活性与 $NO_2^- - N$ 浓度之间呈线性回归

## 6.5　人工湿地基质的微观形态学

由于样品在扫描电镜测定前需要脱水，观察到的生物膜呈为塌陷的膜状。与生物炭和沸石相比，石英砂颗粒表面相对光滑，CW-N 和 CW-B 中石英砂表面丝状和膜状生物质很少且分散。石英砂吸附性差，且作为人工湿地基质促进生物膜附着的效果不理想，因此常用作对比实验 [图 6-10 (a)、(b)]。

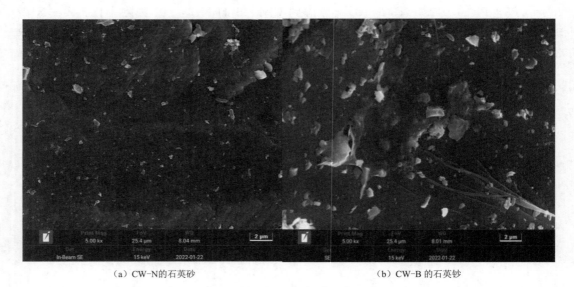

（a）CW-N的石英砂　　　　　　　　　　　　　（b）CW-B的石英砂

图 6-10（一）　挂膜前的生物炭和挂膜后湿地基质的 SEM 图像（5000×）

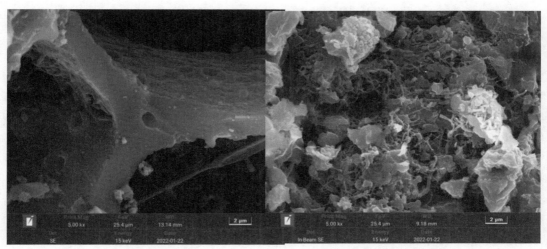

（c）挂膜前的生物炭　　　　　　　　　　（d）挂膜后的生物炭

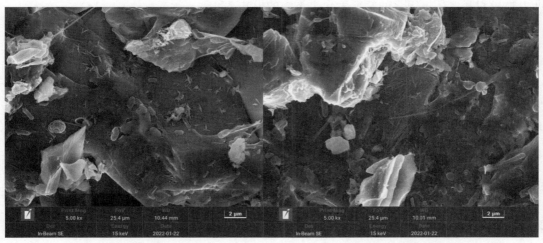

（e）CW-N底部的沸石　　　　　　　　　　（f）CW-B底部的沸石

图6-10（二）　挂膜前的生物炭和挂膜后湿地基质的SEM图像（5000×）

果壳生物炭的表面有许多孔状结构，可以为微生物提供附着点［图6-10（c）］。生物炭优越的吸附性能可以促进微生物在其表面附着生长，提高CW-B中的生物量。经过几天的操作，CW-B中的生物炭表面被大量的生物质附着，生物炭表面的孔隙通道基本被填满［图6-10（d）］。

CW-N和CW-B中作为承托层的沸石表面均能观察到一定的生物膜附着，具有良好的挂膜能力，因此沸石也可促进对COD和氮污染物的去除［图6-10（e）、（f）］。

## 6.6　生物炭的添加对微生物的选择作用

在人工湿地中添加生物炭，发挥了微生物选择器的作用，降低了微生物的多样性，丰富了 *Thauera*、*Terrimonas*、*Ignavibacterium*、*Zoogloea*、*Azoarcus* 等反硝化菌属和变形菌门、拟杆菌门和绿弯菌门等微生物的相对丰度，降低了 *Nitrospirae* 门和 *Nitrospira* 属等硝化细菌的相对丰度。与此相对应，与 CW-N 相比，CW-B 对尾水中 COD、TN 和 $NO_3^- - N$ 的去除效率均有所提高。

生物炭的理化性质对微生物丰度有显著影响。生物炭具有较强的吸附性能。生物炭能吸附碳、氮污染物，促进表面脱碳、反硝化等微生物的富集，即使吸附性能减弱，附着在表面的微生物仍能在污染物去除中发挥良好的作用。同时，生物炭的添加可以增加 pH，基质的孔隙率和增强电子转移能力，通过改变微环境提高污染物去除关键酶的活性和增加反硝化菌属的相对丰度如 *Thaurea*、*Rhodocyclaceae*、*Hydrogenophaga* 和 *Fusibacter*。

在大多数研究中，微生物生物量由于生物炭的加入而增加，而微生物 alpha 多样性根据生物炭和其他环境因素的特征表现出不同的模式。

生物炭可能对微生物具有筛选作用，通过富集优势微生物，减少劣势细菌的种类及其丰度，从而降低微生物群落的 alpha 多样性。例如，Jia 等发现，在 HSCW 中添加铁改性玉米秸秆生物炭为微生物附着生长和繁殖提供了合适的载体环境，优化了微生物群落结构，变形菌门、拟杆菌门和部分自养和异养反硝化菌属的相对丰度显著增加，但与反硝化无关的微生物种类的相对丰度下降，导致微生物群落的 alpha 多样性降低。然而，一些研究也发现，生物炭的添加增加了微生物的阿尔法多样性。

一些研究还发现，生物炭的加入增加了微生物的 alpha 多样性。Fu 等发现，生物炭的加入降低了 CWs 中 DO 的浓度，与其他底物形成了好氧-缺氧-厌氧区，增加了好氧和厌氧反硝化微生物的多样性。Liang 等在 HSCW 中添加生物炭，发现生物炭的添加增加了变形菌门、绿弯菌门和 *Thauera* 属等反硝化菌的相对丰度。同时，研究发现，由于生物炭的加入，操作分类单元数（OTUs）的数量、Chao 指数和 Shannon 值均有所增加，证实了微生物多样性的增加。Deng 等发现，生物炭的加入可以显著改变人工湿地的 EPS 组成、官能团和微生物群落结构组成，显著提高了变形菌门、拟杆菌门、绿弯菌门和 *Thauera* 属等的相对丰度，同时还提高了微生物群落的多样性。

因此，生物炭并不直接改变微生物群落的阿尔法多样性，而是通过促进优势微生物的生长和抑制其他物种来改变细菌的组成。

## 6.7　水平潜流人工湿地硝酸盐的去除路径

由于基质区深度较浅，且进水中 DO（4.26～5.45mg/L）浓度较高，CW-N 和 CW-B 的微生物氮代谢途径主要以好氧反硝化为主。传统的反硝化通常发生在缺氧或厌氧条件下，而好氧反硝化是指 ADB 在好氧条件下进行的反硝化，其中氧气和硝酸盐同时被用作电子受体。

　　人工湿地中 DO 的浓度可以改变微生物群落的丰度和多样性，间接影响氮的转化过程，是影响湿地系统反硝化作用的重要因素。赵等发现 *Thauera*、*Ignavibacterium* 和 *Azoarcus* 等 ADB 在垂直流人工湿地的上、中、下部都有分布，COD 去除主要发生在中上层，$NO_3^- - N$ 去除主要发生 DO 浓度为 $1.42 \sim 2.05 mg/L$ 的上层，说明 ADB 主要在较高的 DO 浓度下进行反硝化。在好氧反硝化过程中，高浓度的 DO（$0.17 \sim 4.14 mg/L$）可以改变微生物群落结构，加强微生物相互作用，增强有机碳消耗、NADH 形成、反硝化细菌共生，进而提高反硝化效率。

　　在好氧反硝化主导氮代谢途径的环境中，通过曝气增加系统中 DO 浓度可以提高 TN 去除率，但过度曝气使系统 DO 浓度过高也会导致硝酸盐还原酶失活，因此好氧反硝化必须控制在合适的 DO 浓度范围内（通常为 $\leqslant 5 mg/L$）。此外，当 DO 浓度降低到 $1 mg/L$ 以下时，反硝化细菌仍能通过提高碳源利用能力，在低碳源条件下继续稳定生长，去除氮污染物。

　　生物炭的加入可以促进电子转移过程，加速有机物和 DO 的消耗。因此，在不同的 C/N 比值下，CW-B 中的异养好氧细菌消耗有机物进行反硝化的速率更快，从而促进了 $NO_3^- - N$ 的去除。

　　*Planctomycetes* 门、*Planctomycetia* 纲、*Planctomycetales* 目、*Planctomycetaceae* 科均为各分类水平上的优势菌，在属水平上观察到 *unclassified_Planctomycetaceae* 属也为优势菌属，在 Q 和 QB 中的相对丰度分别为 5.67% 和 4.72%，目前已经发现的大部分 Anammox 细菌属于 *Planctomycetes* 门，具有进行 Anammox 过程的能力。Jia 等在研究中发现，铁改性生物炭和植物发酵液的添加显著优化了微生物群落结构，增加了 HSCW 中 *Thauera* 属等反硝化菌和 *Planctomycetes* 门等厌氧氨氧化菌的丰度，通过自养反硝化、异养反硝化和厌氧氨氧化等多种途径促进了 TN 的去除。Pan 等研究结果表明，生物炭能显著加速水稻土中的厌氧氨氧化过程，这主要与功能基因丰度的增加有关，而不是与微生物群落结构有关。因此，虽然本研究中添加生物炭没有增加 *Planctomycetes* 门的比例，但可能通过增加厌氧氨氧化基因的丰度或增强 *Planctomycetes* 门与其他菌门的共生，促进 $NO_3^- - N$ 的去除。

　　Anammox 和属于 *Ignavibacteriae* 门或 *Chloroflexi* 门的一些细菌可能相互作用。例如，Anammox 可以将后者还原硝酸盐生成的亚硝酸盐直接作为电子受体使用（Ali et al.，2020）。Chloroflexi 门可以利用凋亡的 Anammox 细菌作为碳源进行异养生长，避免其积累，因此在厌氧氨氧化反应器中经常观察到属于 *Chloroflexi* 门的异养细菌与 *Anammox* 细菌共存。此外，有研究表明 *Chloroflexi* 的细菌还有助于降解自养硝化生物膜和膜生物反应器中的微生物产物，同时塑造污泥颗粒的载体结构，利于其他微生物附着和生长，从而促进厌氧氨氧化反应器中的污泥造粒过程。据报道，属于 *Ignavibacteriae* 门的细菌在还原硝酸盐（变成亚硝酸盐）的同时，还可以分解结合在 EPS 中的细胞外肽，使基质中的 EPS 保持在一定水平以稳定孔隙率和微生物活性，促进碳源的生化利用和对氮污染物的去除。

　　在本研究中相对丰度最高的两个菌属分别为 *Thauera* 和 *Ignavibacterium*。*Ignavibacterium* 常见于自养反硝化和异养反硝化体系中，具有进行反硝化的能力，在本研究中属水平上的相对丰度仅次于 *Thauera*，对 HSCWs 的脱氮有重要影响。有研究称 *Ignavibacterium* 已被确认是一种 *Anammox* 菌属，是在 *Anammox* 体系中利用乙酸钠的主要菌属。此外，*Ignavibacterium* 含有亚硝酸盐还原酶 nrfA，具有将硝酸盐异化还原为铵（DNRA）的能力，有助于厌氧氨氧化菌群的氮循环。Du 等研究发现，在反硝化过程中竞争碳源时，*Thauera* 的硝酸盐还原酶比亚硝酸盐还原酶更有竞争力，导致硝酸盐还原的速率远大于亚硝酸盐还原，因此 *Thauera* 占优势的反硝化系统中通常具有较高的亚硝态氮积累量。在 Ahmad 等的研究中，由 *Ignavibacterium* 主导的 DNRA 过程和由 *Thauera* 主导的部分反硝化同时发生，系统中的 TN 通过部分反硝化、DNRA 和厌氧氨氧化的协同作用被高效去除。

厌氧氨氧化菌和反硝化菌的共存证实了在同一个系统中可能有多种脱氮途径共同发挥脱氮的作用。添加生物炭使 *Ignavibacteriae*、*Chloroflexi*、*Thauera* 和 *Ignavibacterium* 的相对丰度分别提高了 1.32%、2.75%、8.03% 和 1.24%，*nrfA* 的相对丰度也显著提高，因此除了增强好氧反硝化以外，生物炭还通过促进 DNRA 和厌氧氨氧化反应的进行，提高了 TN 的去除率。

# 6.8　本　章　小　结

为探究生物炭对人工湿地污染物去除影响的潜在机制，在传统基质石英砂中加入 30% 体积比的杏仁壳生物炭，观察生物炭对人工湿地氧化还原环境、微生物附着和微生物群落结构的影响。

结果表明，CW-B 的 COD、TN、$NO_3^- - N$ 和 $NH_4^+ - N$ 的去除率分别比 CW-N 最高高出了 62.65%、58.44%、63.04% 和 60.12%。从 DO 浓度和微生物群落分析结果可以看出，好氧反硝化作用是 CW-N 和 CW-B 脱氮的主要过程。生物炭的添加减少了微生物多样性，增加了湿地中生物质的数量和变形菌门、拟杆菌门、*Thauera* 属和 *Ignavibacterium* 属等好氧反硝化菌属的相对丰度，以及 *narG*、*narH*、*nirK*、*norB* 和 *nosZ* 等反硝化功能基因的相对丰度，促进了反硝化的进行。此外，生物炭通过促进由 *Thauera* 主导的部分反硝化、由 *Ignavibacterium* 主导的 DNRA 和厌氧氨氧化的协同作用进一步提高了 TN 的去除率。因此，添加生物炭是促进人工湿地深度处理污水厂尾水的可行策略。

# 第7章 改性稻壳生物炭对水中反硝化过程和 N₂O 排放的影响

生物炭表面的氧化还原活性官能团对反硝化作用的电子传递过程有显著影响。生物炭的氧化性与其表面的醌基（$C=O$）含量显著正相关，而还原性则与其表面的 C—OH（酚羟基）含量显著正相关研究表明，$H_2O_2$ 改性可以将生物炭表面的 C—OH 基团氧化为 $C=O$ 基团，而硼氢化物则可以将生物炭表面的 $C=O$ 基团还原为 C—OH 基团。Yuan 等使用 $H_2O_2$ 预处理以削弱生物炭的氧化还原活性来进行土壤培养实验，结果表明，$H_2O_2$ 改性使得生物炭表面 $C=O$ 官能团含量显著增加，将其添加进土壤后，提高了土壤 N₂O 排放速率，且土壤 N₂O 排放速率增加幅度与生物炭氧化部分丰度呈显著正相关。Pascual 等发现，生物炭有利于促进 N₂O 还原为 N₂，而这主要是通过生物炭表面的还原官能团实现的。生物炭可以作为电子供体以及电子受体对反硝化过程产生影响。

虽然研究表明，$H_2O_2$ 改性和 $NaBH_4$ 改性会影响生物炭表面的氧化还原活性官能团，但具体情况如何，以及将 $H_2O_2$ 改性和 $NaBH_4$ 改性稻壳生物炭添加进培养体系后，对反硝化过程 N₂O 排放的影响与机理尚不清楚，迫切需要进行研究。因此，本研究以稻壳生物炭为例，首先制备 $H_2O_2$ 改性和 $NaBH_4$ 改性稻壳生物炭，探究 $H_2O_2$ 改性和 $NaBH_4$ 改性对稻壳生物炭理化性质的影响，在此基础上，利用本研究筛选的厌氧反硝化菌落，开展未改性、$H_2O_2$ 改性或 $NaBH_4$ 改性稻壳生物炭存在条件下，反硝化菌落去除模拟废水中低浓度硝酸盐（约 10mg/L）的室内培养实验，以探究未改性、$H_2O_2$ 或 $NaBH_4$ 改性稻壳生物炭对反硝化过程和 N₂O 排放的影响及机理。

## 7.1 材料与方法

### 7.1.1 稻壳生物炭的改性与表征

本研究采用 $H_2O_2$ 和 $NaBH_4$ 两种改性液对未改性稻壳生物炭（BC）进行改性。$H_2O_2$ 改性为将生物炭与 30% 的 $H_2O_2$ 以 1:50（g:mL）的比例混合，振荡 12h［170r/min，（$25\pm1$）℃］后，将混合物用超纯水淋洗至滤液澄清，在 60℃ 烘箱中烘至恒重，记为 BC-$H_2O_2$。$NaBH_4$ 改性使用 0.1M 的 $NaBH_4$ 作为改性液，其余操作同 $H_2O_2$ 改性，记为 BC-$NaBH_4$。

### 7.1.2 生物炭对所筛选菌落反硝化和 N₂O 排放的影响

利用本研究筛选的厌氧反硝化菌落 DB，通过 DB 去除模拟废水中低浓度硝酸盐去除的室内培养实验，探究未改性（BC）、$H_2O_2$ 改性（BC－$H_2O_2$）和 $NaBH_4$ 改性（BC－$NaBH_4$）稻壳生物炭对反硝化过程和 $N_2O$ 排放的影响及机理。本实验采用随机区组设计，共设 3 个处理：①模拟废水＋种子液＋生物炭（DB＋BC）；②模拟废水＋种子液＋碳骨架（DB＋WBC）；③模拟废水＋种子液＋浸提液（DB＋BCE）。

### 7.1.3　酶活性测定

酶活性测定见相关部分。

### 7.1.4　数据处理与分析

$NO_3^- - N$、$NO_2^- - N$、$NH_4^+ - N$ 和 TN 的去除速率计算公式如下：

$$v_{i+1} = \frac{c_i - c_{i+1}}{t} \tag{7-1}$$

式中：$v_{i+1}$ 为第 $(i+1)$ h 的 $NO_3^- - N$、$NO_2^- - N$、$NH_4^+ - N$ 或 TN 去除速率，mg/（L·h）；$c_i$，$c_{i+1}$ 分别为第 $i$ h，$(i+1)$ h 培养体系的 $NO_3^- - N$、$NO_2^- - N$、$NH_4^+ - N$ 或 TN 浓度，mg/L；$t$ 为采样时间点的间隔，h。

## 7.2　$H_2O_2$ 改性和 $NaBH_4$ 改性对生物炭理化性质的影响

与 BC 相比，BC－$H_2O_2$ 和 BC－$NaBH_4$ 的 pH、EC 与 DOC 含量均显著降低（$P<0.05$），其中，BC－$H_2O_2$ 分别降低 34.01%、51.76% 和 23.51%，BC－$NaBH_4$ 则分别降低 6.32%、40.39% 和 50.27%。BC－$H_2O_2$ 的 $NH_4^+ - N$ 含量为 BC 的 58.25 倍，这可能与 $H_2O_2$ 的氧化性有关，$H_2O_2$ 将有机氮氧化为 $NH_4^+ - N$，但 $NO_2^- - N$ 含量无显著区别；BC－$NaBH_4$ 的 $NH_4^+ - N$ 含量与 BC 相比无显著区别，但 $NO_2^- - N$ 含量显著增加 56.12%，而两者的 $NO_3^- - N$ 含量与 BC 相比均无显著区别（$P<0.05$）。此外，$H_2O_2$ 改性和 $NaBH_4$ 改性均使得稻壳生物炭的总酸性含氧官能团（包括羧基、内酯基和酚羟基）含量分别显著提高 230.69% 和 164.22%；而总碱性含氧官能团含量则分别显著降低 65.70% 和 16.20%（$P<0.05$），这与 $H_2O_2$ 和 $NaBH_4$ 改性后的 pH 相较于 BC 显著降低一致。与 BC 相比，BC－$H_2O_2$ 的羧基含量显著增加 269.55%，而内酯基和酚羟基含量则无显著区别，其中羧基增加量占总酸性含氧官能团增加量的 74.86%，表明 $H_2O_2$ 改性主要增加了生物炭表面的羧基含量（$P<0.05$）；而 BC－$NaBH_4$ 中的羧基含量无显著区别，内酯基和酚羟基含量则分别显著增加 252.19% 和 778.54%，其中内酯基和酚羟基的增加量分别占总酸性含氧官能团增加量的 34.98% 和 62.36%，表明 $NaBH_4$ 改性主要增加了生物炭表面的内酯基和酚羟基含量（$P<0.05$）（表 7－1）。

表 7－1　　　未改性、$H_2O_2$ 改性和 $NaBH_4$ 改性稻壳生物炭的理化特性

| 项　　目 | BC | BC－$H_2O_2$ | BC－$NaBH_4$ |
|---|---|---|---|
| pH | 10.28±0.11a | 6.78±0.06c | 9.63±0.06b |
| $EC/(\mu S/cm)$ | 215.33±3.21a | 103.87±1.42c | 128.37±0.71b |
| DOC/(mg/kg) | 426.27±6.07a | 326.07±9.88b | 212.00±15.33c |

续表

| 项　目 | BC | BC – $H_2O_2$ | BC – $NaBH_4$ |
|---|---|---|---|
| $NH_4^+ – N/(mg/kg)$ | 4.40±0.53b | 256.19±5.03a | 5.89±0.72b |
| $NO_2^- – N/(mg/kg)$ | 0.25±0.04b | 0.31±0.04ab | 0.40±0.04a |
| $NO_3^- – N/(mg/kg)$ | 28.31±3.59ab | 33.60±1.07a | 24.22±4.35b |
| 表面含氧官能团/(mmol/g) | | | |
| 羧基 | 0.12±0.01b | 0.44±0.01a | 0.13±0.01b |
| 内酯基 | 0.04±0.01b | 0.09±0.03ab | 0.15±0.01a |
| 酚羟基 | 0.02±0.00b | 0.08±0.03b | 0.22±0.05a |
| 总酸性含氧官能团 | 0.19±0.02c | 0.62±0.02a | 0.50±0.04b |
| 总碱性含氧官能团 | 0.55±0.01a | 0.19±0.01c | 0.46±0.03b |

注　BC、BC – $H_2O_2$ 和 BC – $NaBH_4$ 分别为未改性、$H_2O_2$ 改性和 $NaBH_4$ 改性稻壳生物炭；$EC$ 为电导率；DOC 为溶解性有机碳。数值是平均值±标准偏差（$n=3$），同一行不同字母表示处理间差异显著（$P<0.05$）。

BC、BC – $H_2O_2$ 和 BC – $NaBH_4$ 的傅里叶变换红外光谱如图 7 – 1 所示。BC、BC – $H_2O_2$ 和 BC – $NaBH_4$ 的特征吸收峰大致相同，均在 $3440cm^{-1}$、$1610cm^{-1}$、$1390cm^{-1}$、$1092cm^{-1}$ 和 $798cm^{-1}$ 附近有吸收峰，分别由—OH、C═O、酚—OH、C—O 和 C—H 基团振动引起。与 BC 相比，在 $3440cm^{-1}$、$1610cm^{-1}$ 和 $1092cm^{-1}$ 波长处，BC – $H_2O_2$ 的吸收强度增强，而 BC – $NaBH_4$ 的吸收强度则不同程度地降低，说明 $H_2O_2$ 改性后生物炭表面—OH、C═O 和 C—O 等含量增加。

## 7.3　反硝化过程中 $N_2O$ 和 $N_2$ 的排放特征

DB+BC、DB+BC – $H_2O_2$ 和 DB+BC – $NaBH_4$ 处理的 $N_2O$ 和 $N_2O+N_2$ 排放速率达到峰值的时间不同，DB+BC 处理在 36h 达到峰值，而 DB+BC – $H_2O_2$ 和 DB+BC – $NaBH_4$ 处理在 24h 达到峰值，与 DB+BC 相比提前 12h 出现，但 3 个处理均在达到峰值后逐渐降低。DB+BC、DB+BC – $H_2O_2$ 和 DB + BC – $NaBH_4$ 处理的 $N_2O$ 排放速率峰值分别为 356.23ng/h、1190.72ng/h 和 343.13ng/h，$N_2O+N_2$ 排放速率峰值分别为 44087.79ng/h、51804.63ng/h 和 46872.53ng/h。与 DB+BC 处理相比，DB+ BC – $H_2O_2$ 和 DB + BC – $NaBH_4$ 处理的 $N_2O+N_2$ 累积排放量分别减少 1.65% 和 11.59%，$N_2O$ 累积排放量分别增加 165.54% 和 10.43%。另外，由累积排放量计算得出，DB+BC、DB+BC – $H_2O_2$ 和 DB+BC – $NaBH_4$ 处理的 $N_2O/(N_2O+N_2)$ 分别为 0.007、0.019 和 0.009，表明添加 $H_2O_2$ 改性和 $NaBH_4$ 改性稻壳生物炭均不同程度抑制 $N_2O$ 向 $N_2$ 还原，导致 $N_2O$ 排

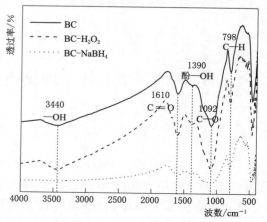

图 7 – 1　未改性、$H_2O_2$ 改性和 $NaBH_4$ 改性稻壳生物炭的傅里叶变换红外光谱

放增加，其中以 DB＋BC－$H_2O_2$ 处理较为显著（$P<0.05$）（图 7－2）。与 DB＋BC－$H_2O_2$ 处理相比，DB＋BC－$NaBH_4$ 处理的 $N_2O$ 和 $N_2O+N_2$ 累积排放量分别减少 58.41% 和 10.10%。

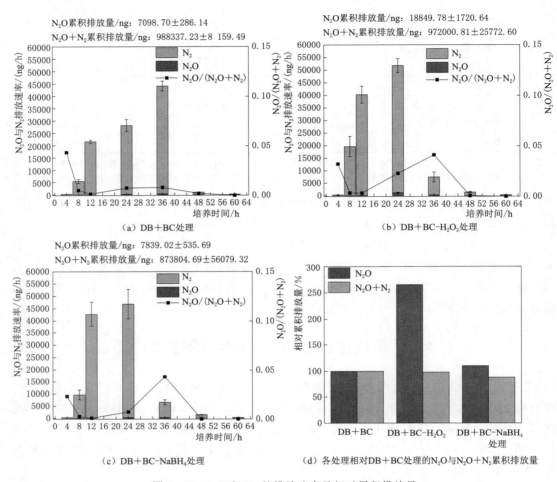

图 7－2  $N_2O$ 和 $N_2$ 的排放速率及相对累积排放量

# 7.4  培养体系理化指标和酶活性的动态变化

## 7.4.1  pH 和 EC

DB＋BC、DB＋BC－$H_2O_2$ 和 DB＋BC－$NaBH_4$ 处理的 pH 在培养过程中均发生不同程度的增加，表明发生了不同程度的反硝化作用。培养结束时，DB＋BC、DB＋BC－$H_2O_2$ 和 DB＋BC－$NaBH_4$ 处理的 pH 分别升高 0.29、0.17 和 0.37。DB＋BC－$H_2O_2$ 处理的 pH 始终显著低于 DB＋BC 处理，培养结束时，DB＋BC－$H_2O_2$ 处理的 pH 比 DB＋BC 处理低 0.22。而 DB＋BC－$NaBH_4$ 处理在培养前期（0～36h）低于 DB＋BC 处理，培养后

期（36~60h）则高于 DB+BC 处理，培养结束时，比 DB+BC 处理升高 0.08。培养结束时，pH 总体表现为 DB+BC-NaBH₄＞DB+BC＞DB+BC-H₂O₂，且各处理之间差异显著（$P<0.05$）（图 7-3）。

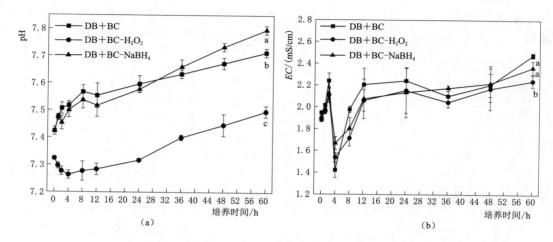

图 7-3　培养过程中 pH 值和 $EC$ 的动态变化

注：$EC$ 为电导率。不同字母表示在培养结束时处理间的显著差异（$P<0.05$）。

经过 60h 培养，DB+BC、DB+BC-H₂O₂ 和 DB+BC-NaBH₄ 处理的 $EC$ 分别增加 0.53mS/cm、0.36mS/cm 和 0.46mS/cm。在培养过程中，各处理的总体趋势一致。培养结束时，与 DB+BC 处理相比，DB+BC-H₂O₂ 和 DB+BC-NaBH₄ 处理的 $EC$ 分别降低 9.54% 和 4.57%，DB+BC 和 DB+BC-NaBH₄ 处理之间的 $EC$ 没有显著差别，但显著高于 DB+BC-H₂O₂ 处理（$P<0.05$）（图 7-3）。

### 7.4.2　无机氮

在 60h 的培养过程中，DB+BC、DB+BC-H₂O₂ 和 DB+BC-NaBH₄ 处理的 $NO_3^- - N$ 含量均随培养时间逐渐降低，说明发生了不同程度的反硝化作用。培养结束时，DB+BC、DB+BC-H₂O₂ 和 DB+BC-NaBH₄ 处理的 $NO_3^- - N$ 含量分别比初始值降低 94.46%、91.98% 和 93.78%。$NO_3^- - N$ 还原主要发生在培养的前 24h 内，该时段内 DB+BC、DB+BC-H₂O₂ 和 DB+BC-NaBH₄ 处理的 $NO_3^- - N$ 含量分别降低 79.73%、85.51% 和 92.17%。在培养前期（0~24h），DB+BC、DB+BC-H₂O₂ 和 DB+BC-NaBH₄ 处理的 $NO_3^- - N$ 去除速率最大值分别为 0.78mg/(L·h)、1.52mg/(L·h) 和 1.18mg/(L·h)；而在培养的第 24~60h，DB+BC、DB+BC-H₂O₂ 和 DB+BC-NaBH₄ 处理的 $NO_3^- - N$ 去除速率最大值分别为 0.38mg/(L·h)、0.10mg/(L·h) 和 0.28mg/(L·h)，即该期间的 $NO_3^- - N$ 还原作用较弱。培养结束时，DB+BC、DB+BC-H₂O₂ 和 DB+BC-NaBH₄ 处理的 $NO_3^- - N$ 含量均小于 1mg/L，此时，各处理的 $NO_3^- - N$ 含量以及去除速率之间均无显著差异（$P<0.05$）（图 7-4）。

在 0~60h 内，DB+BC、DB+BC-H₂O₂ 和 DB+BC-NaBH₄ 处理的 $NO_2^- - N$ 含量

总体呈先上升后下降的趋势，且均在培养的第 12h 达到峰值，分别为 5.65mg/L、8.32mg/L 和 7.07mg/L，然后在对应处理的反硝化速率（$N_2O+N_2$ 排放速率）达到峰值时，接近于零。DB+BC-$H_2O_2$ 和 DB+BC-$NaBH_4$ 处理的 $NO_2^- - N$ 去除速率在培养的第 24h 达到峰值，分别为 0.68mg/(L·h) 和 0.58mg/(L·h)，而 DB+BC 处理的峰值则出现在培养的第 36h，为 0.44mg/(L·h)，各处理的 $NO_2^- - N$ 去除速率均在达到峰值后趋于零（图 7-4）。

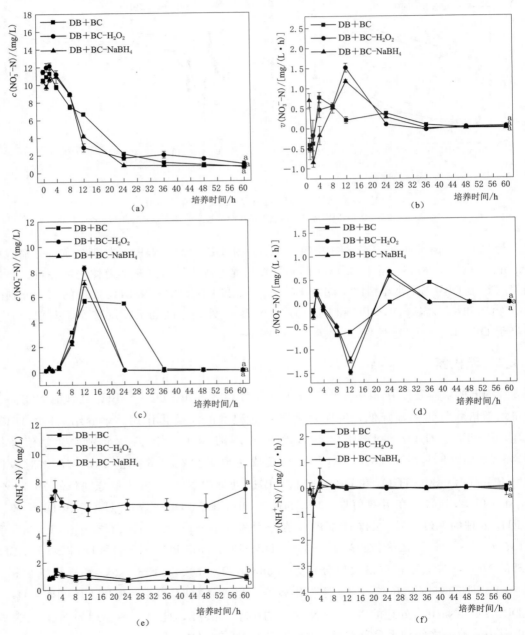

图 7-4（一） 培养过程中 $NO_3^- - N$、$NO_2^- - N$、$NH_4^+ - N$ 和 TN 浓度和去除速率的动态变化

注：TN 为总氮，$c$ 为浓度，$v$ 为去除速率。不同字母表示在培养结束时处理间的显著差异（$P < 0.05$）。

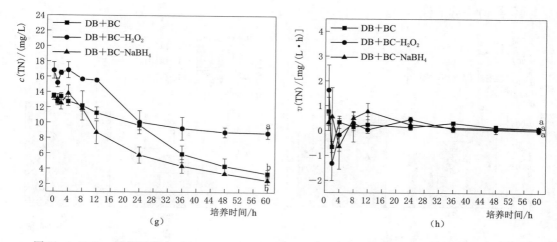

图 7-4（二） 培养过程中 $NO_3^- - N$、$NO_2^- - N$、$NH_4^+ - N$ 和 TN 浓度和去除速率的动态变化

注：TN 为总氮，$c$ 为浓度，$v$ 为去除速率。不同字母表示在培养结束时处理间的显著差异（$P < 0.05$）。

在整个培养过程中，DB+BC、DB+BC-$H_2O_2$ 和 DB+BC-$NaBH_4$ 处理的 $NH_4^+ - N$ 含量无大幅波动，主要由于培养体系于厌氧状态，无硝化作用发生，因此，培养体系所产生的 $N_2O$ 均由反硝化过程产生。与 $NO_3^- - N$、$NO_2^- - N$ 和 TN 含量相比，DB+BC 和 DB+BC-$NaBH_4$ 处理的 $NH_4^+ - N$ 含量始终处于较低水平，主要分布于 0.53～1.46mg/L；但 DB+BC-$H_2O_2$ 处理中的 $NH_4^+ - N$ 含量显著高于其余两个处理（$P < 0.05$），造成这一现象可能是由于 BC-$H_2O_2$ 中的 $NH_4^+ - N$ 含量较高，将其加入培养瓶后导致培养液中 $NH_4^+ - N$ 含量大幅增加。各处理的 $NH_4^+ - N$ 去除速率总体上趋于零（图 7-4）。

培养结束时，DB+BC、DB+BC-$H_2O_2$ 和 DB+BC-$NaBH_4$ 处理的 TN 含量分别比初始值降低 74.79%、48.34% 和 81.02%。TN 减少主要发生在培养的 8～48h 内，该时段内 DB+BC、DB+BC-$H_2O_2$ 和 DB+BC-$NaBH_4$ 处理的 TN 去除量分别占整个培养期去除量的 77.32%、84.62% 和 77.56%。培养结束时，DB+BC-$H_2O_2$ 处理的 TN 含量显著高于其余处理（$P < 0.05$），主要是由于该处理中 $NH_4^+ - N$ 含量较高。培养后期（8～60h），DB+BC、DB+BC-$H_2O_2$ 和 DB+BC-$NaBH_4$ 处理的 TN 去除速率分别在第 36h、24h 和 12h 达到峰值，分别为 0.31mg/(L·h)、0.45mg/(L·h) 和 0.77mg/(L·h)（图 7-4）。

### 7.4.3 NAR 和 NIR 的活性

生物炭对培养液 NAR 和 NIR 活性的影响如图 7-5 所示。与第 24h 相比，第 48h DB+BC、DB+BC-$H_2O_2$ 和 DB+BC-$NaBH_4$ 处理的 NAR 活性分别增加 8.67%、17.48% 和 33.90%。在培养的第 24h，与 DB+BC 相比，DB+BC-$H_2O_2$ 的 NAR 活性降低 17.34%，但差异不显著，而 DB+BC-$NaBH_4$ 处理的 NAR 活性显著降低 31.79%（$P < 0.05$）。在培养的第 48h，三个处理间无显著差异（$P < 0.05$）。在培养的第 24h 和第 48h，NAR 活性均总体表现为 DB+BC > DB+BC-$H_2O_2$ > DB+BC-$NaBH_4$。与第 24h 相比，第 48h DB+BC、DB+BC-$H_2O_2$ 和 DB+BC-$NaBH_4$ 处理的 NIR 活性分别提高 122.05%、79.93% 和 76.10%。在培养的第 24h 和第 48h，各处理的 NIR 活性之间均无

显著差异（$P < 0.05$）。

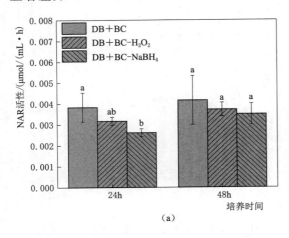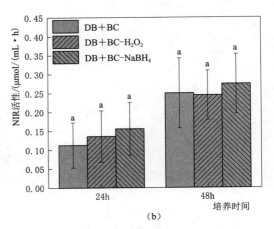

（a） （b）

图 7 - 5 培养过程中 NAR 和 NIR 活性的动态变化

注：NAR 和 NIR 分别为硝酸盐还原酶和亚硝酸盐还原酶。不同字母表示第 24h 或第 48h

三个处理间差异显著（$P < 0.05$）。

## 7.5 添加 H₂O₂ 改性和 NaBH₄ 改性稻壳生物炭对反硝化速率的影响

与 DB＋BC 处理相比，DB＋BC－H₂O₂ 和 DB＋BC－NaBH₄ 处理的反硝化速率峰值提前 12h 出现，且峰值高于 DB＋BC 处理，分别高 17.50％和 6.32％，表明添加 H₂O₂ 改性和 NaBH₄ 改性稻壳生物炭加快了培养体系的反硝化速率。造成这一现象的原因可能为：本研究中，与 BC 相比，BC－NaBH₄ 的酚羟基含量显著增加 778.54％。另外，傅里叶变换红外光谱分析表明，与 BC 相比，BC－H₂O₂ 的 C＝O 含量显著增加。然而，生物炭的得/失电子能力与醌基（C＝O）/酚羟基（C—OH）含量显著正相关，因此，H₂O₂ 改性和 NaBH₄ 改性使生物炭的得/失电子能力增强，进而加快反硝化作用。Klüpfel 等研究表明，生物炭表面的还原性基团（如氢醌）可以提供电子，而这有利于微生物利用电子进行反硝化。田慧研究表明，生物炭表面的醌基（C＝O）增强了微生物电子传递能力，有利于微生物反硝化过程的进行，进而提高生物反硝化速率。

与 DB＋BC 处理相比，DB＋BC－H₂O₂ 处理的 N₂O 累积排放量显著增加 165.54％，$N_2O/(N_2O+N_2)$ 显著增加 170.00％，而 $N_2O+N_2$ 累积排放量无显著差异（$P < 0.05$），表明 BC－H₂O₂ 抑制 N₂O 向 N₂ 还原，从而促进反硝化过程 N₂O 排放。Yuan 等研究也表明，添加 H₂O₂ 改性生物炭显著增加 N₂O 累积排放量和 $N_2O/(N_2O+N_2)$ 比值。造成这一现象的主要原因包括：

（1）较低的 pH 抑制 N₂O 还原酶活性。由于 BC－H₂O₂ 的 pH 显著低于 BC，使得培养过程中 DB＋BC－H₂O₂ 处理的 pH 始终显著低于 DB＋BC 处理（$P < 0.05$）。本书相关研究也表明，添加低 pH 生物炭处理（BC－Fe）的土壤有较高的 N₂O 累积排放量

和 $N_2O/(N_2O+N_2)$ 比值。类似地，丁可人通过人为改变农田土壤的 pH 来探究 pH 对土壤 $N_2O$ 产生和还原的影响，发现土壤 pH 与 $N_2O$ 排放和 $N_2O/(N_2+N_2O)$ 比值之间具有显著负相关关系。

（2）在碳生物有效性较低条件下，与其他异化还原酶相比，$N_2O$ 还原酶竞争电子的能力较弱，因而也会导致 $N_2O$ 排放增加。与 BC 相比，$BC-H_2O_2$ 的 DOC 含量显著降低 23.51%（$P<0.05$）。因此，与对照处理相比，$DB+BC-H_2O_2$ 处理的碳生物有效性相对较低，抑制 $N_2O$ 还原。

（3）傅里叶变换红外光谱分析表明，$H_2O_2$ 改性使生物炭表面 C=O 数量增多，电子接收能力增强；同时，$H_2O_2$ 改性可削弱生物炭的电子供给能力。电子供体不足，则会导致不完全反硝化，从而增加 $N_2O$ 排放和 $N_2O/(N_2O+N_2)$ 比值。

与 $DB+BC-H_2O_2$ 处理相比，$DB+BC-NaBH_4$ 处理的 $N_2O+N_2$ 累积排放量减少 10.10%，而 $N_2O$ 累积排放量显著减少 58.41%（$P<0.05$），$N_2O/(N_2O+N_2)$ 降低 53.74%。因此，与 $BC-H_2O_2$ 相比，$BC-NaBH_4$ 显著促进 $N_2O$ 向 $N_2$ 还原，减少 $N_2O$ 排放。造成这一现象的主要原因为 $NaBH_4$ 改性使生物炭表面酚羟基增多，生物炭的电子供给能力增强，促进 $N_2O$ 向 $N_2$ 还原。Yuan 等研究表明，300℃制备的稻秆生物炭可作为电子供体促进反硝化作用，减少土壤 $N_2O$ 排放。类似地，Pascual 等研究也发现，生物炭作为电子供体有利于促进 $N_2O$ 还原为 $N_2$。

此外，$N_2O$ 排放速率与 $NO_2^--N$ 去除速率显著正相关（$R^2=0.48$，$P<0.05$），如图 7-6 所示。Fukumoto 等和陈仕东等研究均表明，$N_2O$ 排放速率与 $NO_2^--N$ 含量显著正相关。$NO_2^--N$ 还原为 NO 是反硝化过程的关键步骤，$NO_2^--N$ 含量对反硝化过程 $N_2O$ 排放有显著影响。

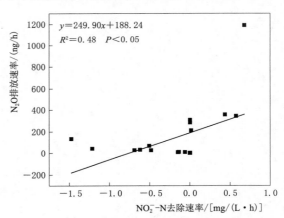

图 7-6　$N_2O$ 排放速率与 $NO_2^--N$ 去除速率之间的回归关系

# 7.6　本　章　小　结

（1）与 BC 相比，$BC-H_2O_2$ 和 $BC-NaBH_4$ 的 pH、$EC$ 和 DOC 含量均显著降低，$BC-H_2O_2$ 的 $NH_4^+-N$ 含量显著升高（$P<0.05$），其含量为 BC 的 58.25 倍。此外，$H_2O_2$ 和 $NaBH_4$ 改性均显著提高稻壳生物炭的总酸性含氧官能团（包括羧基、内酯基和酚羟基）含量（分别提高 230.69% 和 164.22%）；而显著降低生物炭的总碱性含氧官能团含量（分别降低 65.70% 和 16.20%）。不同的是，$H_2O_2$ 改性主要增加了生物炭表面的羧基含量，而 $NaBH_4$ 改性主要增加了生物炭表面的内酯基和酚羟基含量（$P<0.05$）。另外，傅里叶变换红外光谱分析表明，与 BC 相比，$BC-H_2O_2$ 的 C=O 含量明显增加。

（2）与 DB+BC 处理相比，DB+BC-$H_2O_2$ 和 DB+BC-$NaBH_4$ 处理的反硝化速率峰值提前 12h 出现，且分别高 17.50% 和 6.32%。

（3）与 DB+BC 处理相比，DB+BC-$H_2O_2$ 处理的 $N_2O$ 累积排放量显著增加 165.54%，$N_2O/(N_2O+N_2)$ 显著增加 170.00%，但 $N_2O+N_2$ 累积排放量无显著差异（$P<0.05$），表明 BC-$H_2O_2$ 抑制反硝化过程中 $N_2O$ 向 $N_2$ 还原，这可能与添加 BC-$H_2O_2$ 使培养体系的 pH、碳生物有效性降低以及 C＝O 含量增多有关。

（4）$N_2O$ 排放速率与 $NO_2^--N$ 去除速率显著正相关（$R^2=0.48$，$P<0.05$）。

# 第8章 生物炭基硫自养反硝化人工湿地
# 对污水厂尾水深度脱氮机理

目前，我国大多数污水处理厂执行（GB 18918—2002）《城镇污水处理厂污染物排放标准》一级 A 标准，尾水中 TN≤15mg/L，TP≤0.5mg/L，直接排放容易造成受纳水体富营养化等生态问题，影响环境健康。自"十四五"规划以来，城市污水排放标准不断提高，因此需要对污水厂尾水进行深度脱氮除磷，常用的技术包括生物反硝化滤池、人工湿地等。人工湿地结合基质吸附、植物吸收和微生物作用进行污水脱氮，生物反硝化为最重要的途径，其建设成本低、维护简单、环境友好，具有良好的应用前景。

与传统异养反硝化脱氮技术相比，硫自养反硝化技术因无需额外添加碳源、污泥产量低、成本低等优点在处理低 C/N 尾水时颇具优势。生物炭具有较高的比表面积和微孔体积，有利于污染物吸附，作为载体形成稳定的生物膜，还可以增强微生物活性，逐渐被应用为人工湿地填料。硫自养反硝化是在缺氧条件下，利用低价态硫作为电子供体，将硝酸盐还原为 $N_2$，同时生成副产物 $SO_4^{2-}$ 的过程。以硫磺作为电子供体的自养反硝化计算公式为：$S^0+1.2NO_3^-+0.4H_2O \longrightarrow SO_4^{2-}+0.6N_2+0.8H^+$。国内外对以单质硫作为电子供体的硫自养反硝化技术的研究相对成熟，而关于生物炭的添加对硫自养反硝化人工湿地对尾水深度脱氮影响的研究较少。

本研究设计硫-石灰石人工湿地系统（CW – C）和添加生物炭的硫-石灰石人工湿地系统（CW – B）进行对比，探究添加生物炭基人工湿地硫自养对尾水深度脱氮的处理效果、副产物的产生量和微生物群落特征及氮硫循环相关功能基因的影响，为生物炭基人工湿地应用于尾水脱氮提供更多参考。

## 8.1 材料与方法

### 8.1.1 人工湿地实验装置

实验装置为采用有机玻璃制作而成的垂直潜流人工湿地试验柱，由反应区和底座组成，装置整体高 1000mm，反应区高 910mm，底座高 90mm，内径为 200mm，有效容积为 28.57L。装置左侧距底部 55mm 和 485mm 处分别设计阀门作为装置的出水口，底部中心处设置一处阀门作为进水口。装置右侧距底部 60mm、260mm 和 460mm 处各设计一个直径为 100mm 的可密封取样孔，用于取出基质进行相关分析。距离装置顶部 100mm 处设计一个内径为 4mm 的可密封小孔，用于取气体样品进行分析。实验装置结构图和填充图如图 8 – 1 所示。

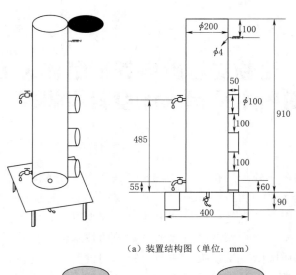

（a）装置结构图（单位：mm）

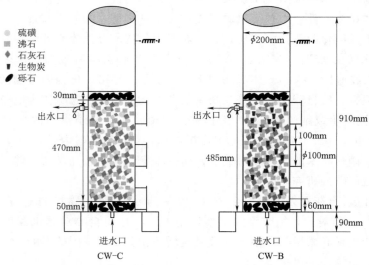

（b）装置填充图

图 8-1  垂直潜流人工湿地装置

设计两组填充基质不同的实验装置进行对比分析：装置一填料及填充高度从下到上分别为 50mm 砾石（粒径 10～20mm），470mm 体积比为 1∶1∶2.15 的硫磺（粒径 2～5mm）、石灰石（粒径 4～10mm）和沸石（粒径 5～10mm）的混合基质，30mm 砾石（粒径 10～20mm），记为 CW-C；装置二填料的混合基质中添加 400℃下制备的杏仁壳生物炭（BC400），添加量为混合基质体积的 10%，其余与装置一相同，记为 CW-B。

BC400 基本性质见表 8-1。

表 8-1　　　　　　　　　　　杏仁壳生物炭（BC400）基本性质

| 基 本 性 质 | BC400 | 基 本 性 质 | BC400 |
|---|---|---|---|
| pH | 7.88±0.04 | 表面含氧官能团/(mmol/g) | |
| $EC/(\mu S/cm)$ | 114.1±6.04 | 总碱性含氧官能团 | 1.30±0.03 |
| DOC/(mg/kg) | 63.33±1.76 | 总酸性含氧官能团 | 0.54±0.02 |
| $NO_3^- - N/(mg/kg)$ | 7.59±0.69 | 内酯基 | 0.14±0.01 |
| $NO_2^- - N/(mg/kg)$ | 2.77±1.30 | 羧基 | 0.31±0.02 |
| $NH_4^+ - N/(mg/kg)$ | 43.01±3.45 | 酚羟基 | 0.09±0.01 |

BC400 的傅里叶变换红外光谱如图 8-2 所示。BC400 在 3430cm$^{-1}$、1602cm$^{-1}$、1442cm$^{-1}$、1381cm$^{-1}$、1205cm$^{-1}$ 和 810cm$^{-1}$ 附近有吸收峰，分别由—OH、—C＝O、—COOH、酚—OH、C—O 和 C—H 基团引起振动，其中—C＝O 和 C—O 基团的强烈振动表明 BC400 中富含醌基。总之，BC400 表面含有丰富的含氧官能团，发挥重要作用。

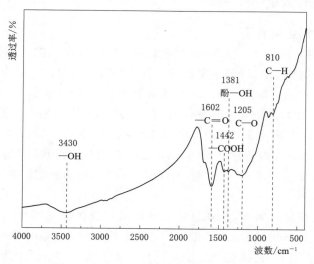

图 8-2　BC400 的傅里叶变换红外光谱

## 8.1.2　人工湿地挂膜及运行

实验包括挂膜阶段、硫自养反硝化阶段和混合营养反硝化阶段。

挂膜方式采用复合式接种挂膜，即接种微生物和进水培养。种泥取自山西省某污水处理厂缺氧池。将 7.0L（MLSS 约为 4500mg/L）污泥一次性灌入湿地装置，停留 2d 后将装置底部所收集泥水再次灌入湿地装置，并停留 2d。重复上述操作一次后，排出泥水，并按文献的方法分三个阶段循环通入脱氮硫杆菌培养液，进行挂膜培养。

硫自养反硝化阶段水力停留时间（HRT）分别设为 12h、8h、4h、2h 和 3h。进水模拟污水处理厂尾水，用自来水人工配制。组成及质量浓度（g/L）：$KNO_3$ 0.1084（$NO_3^- - N$ 15mg/L）、$KH_2PO_4$ 0.0044（TP 1mg/L）、$NaHCO_3$ 0.2；微量元素溶液 0.3mL/L，组成及质量浓度（g/L）：$ZnSO_4 \cdot 7H_2O$ 0.12、$MnCl_2 \cdot 4H_2O$ 0.12、$H_3BO_3$ 0.15、KI 0.18、$FeCl_3 \cdot 6H_2O$ 1.5、$Na_2MoO_4 \cdot 2H_2O$ 0.06、$CuSO_4 \cdot 5H_2O$ 0.03、$CoCl_2 \cdot 6H_2O$ 0.15；EDTA 10。HRT＝3h 运行阶段后，进水中不外加 $NaHCO_3$，且 TP 浓度降至 0.5mg/L，调整 HRT 至 4h 继续运行。实验周期内有前后两个 HRT＝4h，硫自养反硝化阶段中涉及 HRT＝4h 均指前一个。

混合营养反硝化运行阶段分别设计不同水力停留时间、进水 $NO_3^- - N$ 浓度、C/N 比。进水采用人工配制的废水，利用自来水人工配水，主要成分为（g/L）：$KNO_3^-$（$NO_3^- - N$）、$CH_3COONa$（COD）、$KH_2PO_4$ 0.0022（TP：0.5mg/L）、微量元素溶液：0.3mL/L。根据不同的进水 $NO_3^- - N$ 浓度和 C/N 比计算 $KNO_3$ 和 $CH_3COONa$ 用量，用于实验进水配水。

挂膜阶段、硫自养反硝化阶段和混合营养反硝化阶段均采用上向流连续运行。挂膜阶段和硫自养反硝化阶段，湿地装置均保持密闭状态，未进行遮光处理；混合营养反硝化阶段，湿地装置在 C/N＝0 和 2 阶段保持密闭，此后均敞口与大气环境连通，全程进行遮光处理。

### 8.1.3 样品采集与测试

#### 8.1.3.1 生物炭的制备与表征

以杏仁壳为原料，破碎为 5～10mm 粒径的小块，洗净、烘干后置于瓷坩埚中，在 400℃下于马弗炉中煅烧 2h，冷却至室温后，搜集制得的生物炭，记为 BC400。

称取 1g 生物炭样品，加入 15mL 超纯水，剧烈震荡 1～2min，静置 0.5h 后，分别利用 pH 计（Phs-3C 型）和数显电导率仪（DDS-307A）测定生物炭的 pH 和 EC。

采用水浸法测定生物炭的 DOC：称取 1g 生物炭样品，加入 20mL 超纯水，在恒温（25±1）℃、200r/min 的条件下振荡 1h，之后于 4500r/min 离心 10min，取上清液过 0.45μm 滤膜，收集滤液，使用 TOC 仪（TOC-VCPH）测定滤液的 DOC 质量浓度，计算得生物炭 DOC 含量。

称取 1g 生物炭样品，加入 20mL 2M KCl 溶液，在恒温（25±1）℃、200r/min 的条件下振荡 1h，之后于 3500r/min 离心 20min，取上清液过 0.45μm 滤膜，分别用双波长分光光度法、N-(1-萘基)-乙二胺光度法和纳氏试剂分光光度法测定生物炭的 $NO_3^- - N$、$NO_2^- - N$、$NH_4^+ - N$ 含量。

用傅里叶变换红外光谱测定生物炭表面含氧官能团类型［生物炭：KBr＝1：100（w/w）］；官能团数量用 Boehm 滴定法测定。

#### 8.1.3.2 水质样品采集与测试

每天定时从装置侧面取水口采集水样，分别对进、出水水质进行测定。水质指标及测试方法见表 8-2。

表 8 - 2　　　　　　　　　　　　　水质指标及测试方法

| 水质指标 | 测试方法/仪器 |
|---|---|
| COD | 快速密闭催化消解分光光度法（HJ/Y 399—2007） |
| TN | 碱性过硫酸钾氧化-紫外分光光度法（HJ 636—2012） |
| $NO_3^- - N$ | 双波长分光光度法（HJ/T 346—2007） |
| $NO_2^- - N$ | N -（1 -萘基）-乙二胺光度法（GB 7493—87） |
| $NH_4^+ - N$ | 纳氏试剂分光光度法（HJ 535—2009） |
| 实际出水 $SO_4^{2-}$ | 铬酸钡分光光度法（HJ/T 342—2007） |
| 理论出水 $SO_4^{2-}$ | 利用硝态氮去除浓度计算<br>（理论上每去除 1g $NO_3^- - N$ 生成 7.54g $SO_4^{2-}$） |
| $S^{2-}$ | 亚甲基蓝分光光度法（HJ 1226—2021） |
| DO | 便携式溶解氧测定仪（JPBJ - 608） |
| ORP | pH 计（pHS - 3C）和 501ORP 复合电极 |
| pH | pH 计（pHS - 3C） |
| EC | 数显式电导率仪（DDS - 307A） |

### 8.1.3.3　微生物群落采样与分析

挂膜结束时于 CW - C 和 CW - B 右侧的基质取样孔采集人工湿地基质样品，由上到下分别命名为 CW - C - U（SADini）、CW - C - M（SADini）、CW - C - B（SADini）和 CW - B - U（SADini）、CW - B - M（SADini）、CW - B - B（SADini）。在硫自养反硝化结束时，以同样的操作再次取样，分别命名为 CW - C - U（SAD）、CW - C - M（SAD）、CW - C - B（SAD）和 CW - B - U（SAD）、CW - B - M（SAD）、CW - B - B（SAD）。混合营养反硝化结束时，样品分别命名为 CW - C - U（MD）、CW - C - M（MD）、CW - C - B（MD）和 CW - B - U（MD）、CW - B - M（MD）、CW - B - B（MD）基质样品送至上海美吉生物医药科技有限公司进行 DNA 提取、PCR 扩增和 Illumina 测序。

### 8.1.4　数据处理与分析

数据通过 Excel 软件进行整理计算，利用 Origin 2019 软件作图，采用 IBM SPSS statistics 27 进行统计分析。利用 PICRUSt 软件对 16S 扩增子测序结果进行功能预测，通过 KEGG 数据库分析基因功能，进一步了解湿地装置内微生物功能特征。

# 8.2　人工湿地对污染物的去除效果

## 8.2.1　COD 浓度

硫自养反硝化阶段无外加碳源，进水 COD 主要源自自来水（平均浓度 20.10mg/L）；然而，出水 COD 浓度频繁出现增加的情况，可能由微生物分泌物或其衰败凋亡残体所致。随着水力停留时间（HRT）缩短，CW - C 和 CW - B 出水 COD 浓度均逐渐降低。HRT=4h 时，CW - B 出水 COD 平均浓度（26.09mg/L）明显低于 CW - C（32.01mg/L）（图 8 - 3）。

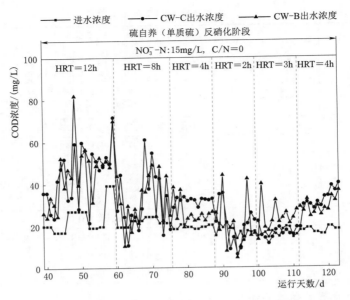

图 8-3　人工湿地不同运行阶段 COD 浓度变化

## 8.2.2　氮污染物

### 8.2.2.1　TN 和 $NO_3^- - N$ 浓度

挂膜阶段，TN 和 $NO_3^- - N$ 出水浓度均随运行时间延长而降低，CW-C 和 CW-B 出水 $NO_3^- - N$ 平均浓度分别为 0.85mg/L 和 0.73mg/L，平均去除率分别为 98.03% 和 98.70%，两湿地装置均已具备较强脱氮能力。

硫自养反硝化阶段，进水 TN 以 $NO_3^- - N$ 为主，因此 TN 和 $NO_3^- - N$ 出水浓度变化规律类似。HRT=8h 和 4h 时，CW-C 的 TN 平均出水浓度分别为 2.88mg/L 和 1.17mg/L，$NO_3^- - N$ 平均出水浓度分别为 0.97mg/L 和 0.77mg/L；CW-B 的 TN 平均出水浓度分别为 2.26mg/L 和 1.13mg/L，$NO_3^- - N$ 平均出水浓度分别为 0.54mg/L 和 0.57mg/L，处理效果优于 CW-C。

硫自养反硝化阶段，随 HRT 缩短，CW-C 和 CW-B 的 TN 平均去除率先升高后降低（HRT=4h 时达峰值，分别为 93.77% 和 93.95%）。CW-C 的 $NO_3^- - N$ 平均去除率亦在 HRT=4h 时最高（95.50%）；而 CW-B 的 $NO_3^- - N$ 平均去除率在 HRT=8h 和 4h 时均较高（分别为 96.72% 和 96.66%），且高于 CW-C（图 8-4）。

### 8.2.2.2　$NO_2^- - N$ 和 $NH_4^+ - N$ 浓度

挂膜阶段和硫自养反硝化阶段 $NO_2^- - N$ 进水浓度均较低，平均为 0.01mg/L。挂膜阶段出水 $NO_2^- - N$ 浓度偶有波动但未积累。硫自养反硝化阶段，CW-C 和 CW-B 在各 HRT 运行前期出水 $NO_2^- - N$ 浓度急剧升高，且 CW-C 波动幅度大于 CW-B，可能是 DO 对亚硝酸盐氮还原酶（Nir）有抑制作用，导致 $NO_2^- - N$ 短时间积累，随着装置运行 DO 被消耗，其抑制作用减弱，出水 $NO_2^- - N$ 浓度降低。HRT=3～12h 时，前期出水

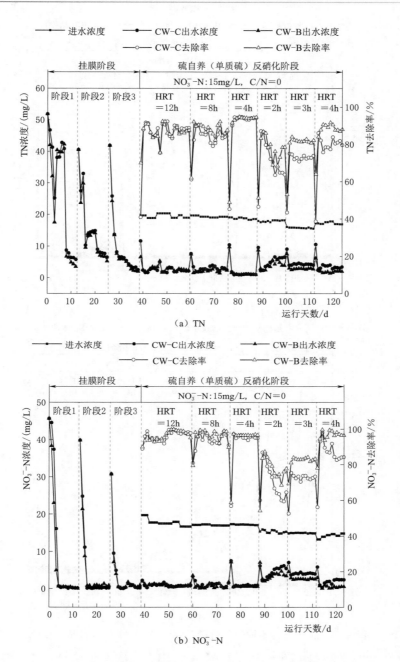

图 8-4 人工湿地不同运行阶段 TN 和 $NO_3^- - N$ 的浓度及去除率变化

注：挂膜三个阶段均循环入培养液，初始进水 TN 浓度分别为 51.88mg/L、40.55mg/L 和

41.89mg/L；$NO_3^- - N$ 浓度分别为 45.69mg/L、39.82mg/L 和 30.75mg/L。

$NO_2^- - N$ 浓度随 HRT 降低而减少，后期 $NO_2^- - N$ 均未积累。HRT＝2h 时，CW-C 和 CW-B 出水 $NO_2^- - N$ 平均浓度分别为 0.48mg/L 和 0.40mg/L，可能由于硝酸盐还原速率大于亚硝酸盐还原速率导致反硝化不彻底造成 $NO_2^- - N$ 积累 [图 8-5（a）]。

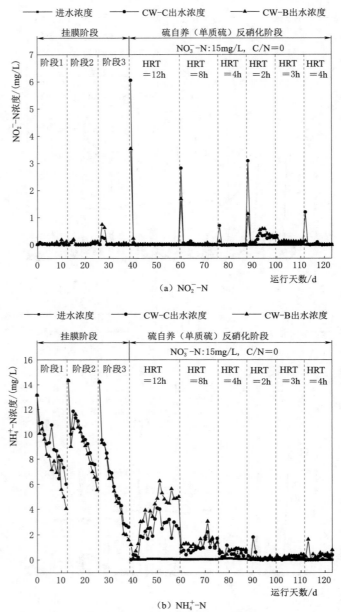

图 8-5　人工湿地不同运行阶段 $NO_2^- - N$ 和 $NH_4^+ - N$ 浓度变化

注：挂膜三个阶段均循环通入培养液，初始进水 $NO_2^- - N$ 浓度分别为 0.013mg/L、0.005mg/L 和

0.013mg/L；$NH_4^+ - N$ 浓度分别为 13.13mg/L、14.35mg/L 和 14.25mg/L。

　　挂膜阶段，CW-C 和 CW-B 随着装置运行出水 $NH_4^+ - N$ 浓度逐渐降低，挂膜结束时，CW-B 较 CW-C 低 39.08%。在硫自养反硝化阶段，CW-B 出水 $NH_4^+ - N$ 浓度高于 CW-C，可能发生更强烈的硝酸盐异化还原（DNRA）反应。两人工湿地试验装置出水 $NH_4^+ - N$ 平均浓度均随 HRT 降低逐渐减少，调节 HRT 能有效降低出水 $NH_4^+ - N$ 浓度［图 8-5（b）］。

## 8.3 反应副产物变化

### 8.3.1 $SO_4^{2-}$

挂膜阶段，CW-C和CW-B出水$SO_4^{2-}$平均浓度分别为189.47mg/L和191.31mg/L。

硫自养反硝化阶段，进水$SO_4^{2-}$源自自来水（平均浓度为74.27mg/L），CW-C实际出水$SO_4^{2-}$平均浓度分别为191.36mg/L、211.77mg/L、208.84mg/L、177.78mg/L和181.81mg/L，CW-B分别为193.76mg/L、203.04mg/L、200.98mg/L、170.36mg/L和169.02mg/L。HRT=2h、3h时，因为去除$NO_3^- - N$浓度与其他HRT相比明显减少，因此实际出水$SO_4^{2-}$浓度也明显降低。两个湿地装置出水的$SO_4^{2-}$浓度均低于GB 5749—2006《生活饮用水卫生标准》和GB 3838—2002《地表水环境质量标准》规定的250mg/L。HRT=8h、4h、2h、3h时，CW-B的$NO_3^- - N$去除浓度不仅高于CW-C，同时还产生更少的副产物$SO_4^{2-}$（图8-6）。

硫自养反硝化阶段，两湿地装置存在实际出水$SO_4^{2-}$浓度大于理论出水浓度的现象，可能是发生了硫歧化反应，产生更多的$SO_4^{2-}$，同时增强了异养反硝化对脱氮的贡献。

### 8.3.2 $S^{2-}$

硫自养反硝化阶段，CW-C和CW-B分别在HRT=8h末期和中期出水$S^{2-}$浓度迅

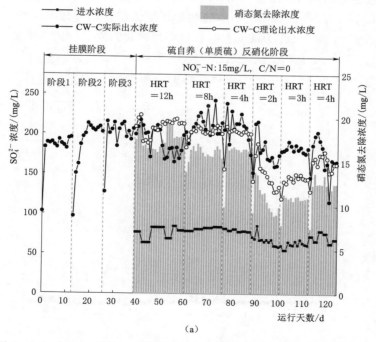

图8-6（一） 人工湿地不同运行阶段$SO_4^{2-}$浓度及硝态氮去除浓度变化

注：挂膜三个阶段均循环通入培养液，初始进水$SO_4^{2-}$浓度分别为103.04mg/L、97.05mg/L和127.57mg/L。

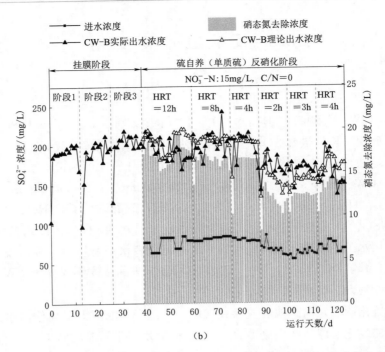

图 8-6（二）　人工湿地不同运行阶段 $SO_4^{2-}$ 浓度及硝态氮去除浓度变化

注：挂膜三个阶段均循环通入培养液，初始进水 $SO_4^{2-}$ 浓度分别为 103.04mg/L、97.05mg/L 和 127.57mg/L。

速上升，最高浓度分别为 5.44mg/L 和 6.12mg/L。HRT＝12h、4h、2h 和 3h 时，两湿地装置的出水几乎没有 $S^{2-}$（图 8-7）。硫酸盐还原细菌作用导致 $S^{2-}$ 产生，导致人工湿地出水 $S^{2-}$ 浓度波动，$S^{2-}$ 又作为硫源参与硫自养反硝化或发生了硫歧化反应被消耗。

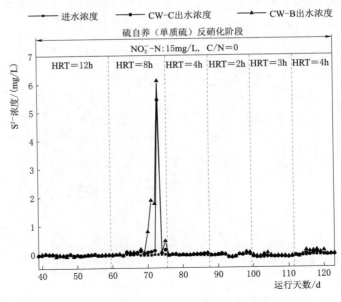

图 8-7　人工湿地不同运行阶段 $S^{2-}$ 浓度变化

## 8.4 硫自养和异养反硝化的贡献率

理论上每去除 $1g\ NO_3^- - N$ 产生 $7.54g\ SO_4^{2-}$，硫自养反硝化去除的 $NO_3^- - N$ 浓度可以通过实际出水 $SO_4^{2-}$ 浓度计算得到，异养反硝化去除的 $NO_3^- - N$ 浓度通过全部的 $NO_3^- - N$ 去除浓度减去硫自养反硝化去除的 $NO_3^- - N$ 浓度计算得到，通过计算硫自养去除 $NO_3^- - N$ 和异养去除 $NO_3^- - N$ 浓度分别在全部去除 $NO_3^- - N$ 的占比，由此可以计算硫自养和异养反硝化在脱氮过程的占比，分析人工湿地内反硝化脱氮的情况。

$HRT = 12h$ 时，$CW - C$ 和 $CW - B$ 处于硫自养反硝化初期，异养反硝化占比较高（平均占比分别为 $14.66\%$、$11.07\%$）（图 8-8）。$HRT = 8h$、$4h$、$2h$、$3h$ 时，$CW -$

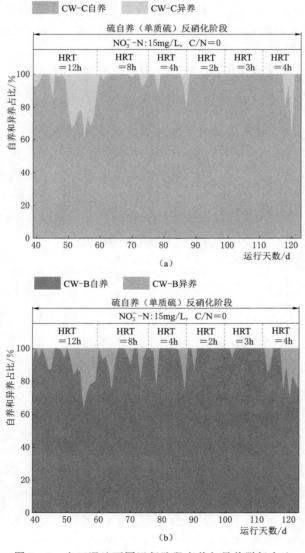

图 8-8 人工湿地不同运行阶段自养与异养脱氮占比

C 和 CW - B 硫自养占比升高，分别为 98.75％、96.66％、100％、100％ 和 93.56％、94.52％、98.81％、99.49％。CW - B 的异养反硝化平均占比高于 CW - C（5.43％ vs 2.01％），可能是生物炭作为潜在碳源，促进部分异养反硝化微生物生长，硫氧化细菌生长速度较慢，导致硫自养反硝化氮去除效率低于混合异养反硝化，因此 CW - B 的 $NO_3^- -$ N 去除率更高。

## 8.5　人工湿地系统微环境变化

HRT＝12h 和 8h 时，CW - C 出水 DO 平均浓度分别为 0.38mg/L 和 0.50mg/L，CW - B 分别为 0.37mg/L 和 0.49mg/L，均处于缺氧状态，有利于反硝化的进行；HRT＝4h、2h 和 3h 时，由于水力停留时间较短，DO 消耗减少，CW - C 和 CW - B 出水 DO 浓度升高，分别为 1.31mg/L、1.44mg/L 和 1.26mg/L 和 0.90mg/L、1.09mg/L 和 0.89mg/L［图 8 - 9（a）］。

硫自养反硝化阶段，CW - B 的出水 DO 平均浓度和 ORP 均低于 CW - C，更容易营造有利于反硝化微生物生长的缺氧/厌氧环境，$NO_3^- -$ N 去除率更高［图 8 - 9（b）］。

挂膜阶段，CW - C 出水 pH 平均为 7.31、7.21、7.09，CW - B 均高于 CW - C，分别为 7.35、7.29、7.15。pH＞6.0 时才能发生以单质硫作为电子供体的反硝化，因此硫自养反硝化阶段进水添加 NaHCO₃，调节进水 pH 平均为 8.32，CW - C 和 CW - B 出水 pH 分别平均为 7.29 和 7.28，适宜硫自养反硝化微生物生存。不添加 NaHCO₃ 后，进水 pH 略降低为 8.25，CW - B 较 CW - C 异养反硝化占比更高（13.20％ vs 5.69％），因此

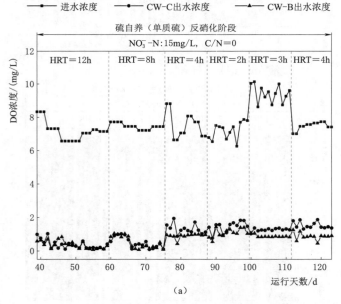

图 8 - 9（一）　人工湿地不同运行阶段氧化还原状态、pH 和 *EC* 的变化
注：挂膜三个阶段均循环通入培养液，初始进水 ORP 分别为 43mV、73mV 和 280mV，初始进水 pH 分别为 7.31、7.31 和 7.54，初始进水 *EC* 分别为 1382μS/cm、1222μS/cm 和 1240μS/cm。

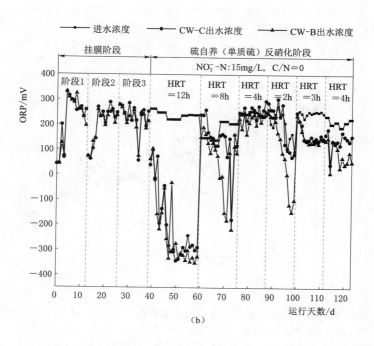

（b）

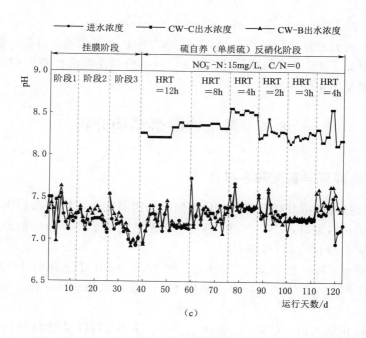

（c）

图 8-9（二） 人工湿地不同运行阶段氧化还原状态、pH 和 *EC* 的变化

注：挂膜三个阶段均循环通入培养液，初始进水 ORP 分别为 43mV、73mV 和 280mV，初始进水 pH 分别为 7.31、7.31 和 7.54，初始进水 *EC* 分别为 $1382\mu S/cm$、$1222\mu S/cm$ 和 $1240\mu S/cm$。

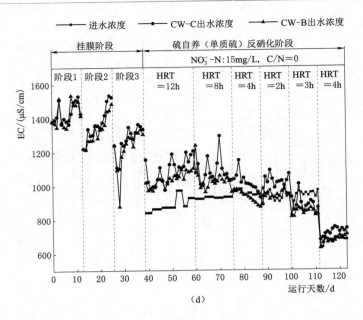

图 8-9（三）　人工湿地不同运行阶段氧化还原状态、pH 和 EC 的变化

注：挂膜三个阶段均循环通入培养液，初始进水 ORP 分别为 43mV、73mV 和 280mV，初始进水 pH 分别为 7.31、7.31 和 7.54，初始进水 EC 分别为 $1382\mu S/cm$、$1222\mu S/cm$ 和 $1240\mu S/cm$。

出水 pH 更高［图 8-9（c）］。

　　挂膜阶段和硫自养反硝化阶段，CW-B 较 CW-C 脱氮效率高且副产物产生量低，因此其出水 EC 更低［图 8-9（d）］。过高的 EC 对部分微生物活性有不利影响，保持适宜的 EC 可以增强反硝化脱氮效率。

# 8.6　微生物群落结构分析

## 8.6.1　微生物群落丰富度和多样性

　　图 8-10 为挂膜结束和硫自养反硝化结束时人工湿地微生物 Venn 图，反映了挂膜结束和硫自养反硝化结束时，CW-C 和 CW-B 装置上、中、下部微生物 OTU 总数目以及各样本之间共有和独有的 OTU 数目。

　　挂膜结束时，CW-C 装置上、中、下部 OTU 总数目分别为 1237、1301、1231，CW-B 为 1301、1250、1286，两湿地装置 OTU 数目差异较小，微生物多样性相似度较高。

　　硫自养反硝化结束时，CW-C 装置上、中、下部 OTU 总数目分别为 1413、1297、1159，CW-B 为 1369、1409、1832。与挂膜结束时相比，CW-C 装置上部 OTU 数增加 176，下部 OTU 数减少了 72；而 CW-B 装置上、中、下部 OTU 数均增加，且下部增加最多（546），说明添加生物炭能有效促进人工湿地内微生物多样性增加。CW-C 和 CW-B 分别在装置上部和装置下部 OTU 数最多，且 CW-B 高于 CW-C，说明其分别在装置上部和装置下部发生微生物反应，并且 CW－B 反应速率高于 CW－C。

　　挂膜结束时各样本共有的 OTU 数目为 706，硫自养反硝化结束较挂膜结束，各样本共有的 OTU 数目减少了 214，CW－C 和 CW－B 各样本独有的 OTU 数明显增加，硫自养反硝化实现了人工湿地内优势菌种的富集。

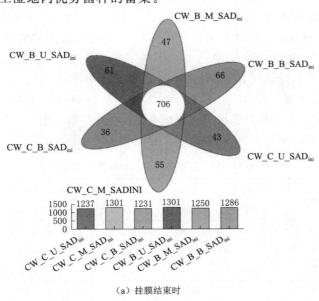

（a）挂膜结束时

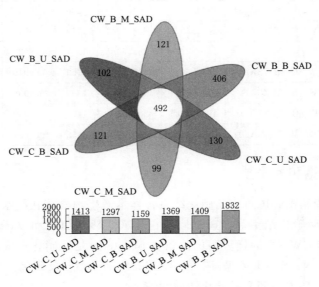

（b）硫自养反硝化结束时

图 8－10　挂膜结束和硫自养反硝化结束时人工湿地微生物 Venn 图

　　通过单样本的 alpha 多样性可以反映微生物群落的丰富度和多样性，主要包括 Ace、Chao、Coverage、Shannon、Simpson 和 Sobs 指数。其中 Ace、Chao 和 Sobs 指数反映群落丰富度，数值越大，群落丰富度越大；Coverage 指数反映群落覆盖度，其数值越高，样本中序列被测出的概率越高，反映本次测序结果是否代表了样本中微生物的真实情况；Shannon 和 Simpson 指数反映了群落多样性，Shannon 指数越大，群落多样性越高，Simpson 指数与 Shannon 指数相反，Simpson 指数越大，群落多样性越低。

表 8-3 为挂膜结束时和硫自养反硝化结束时，CW-C 和 CW-B 基质样品 alpha 多样性指数表。挂膜结束和硫自养反硝化结束时，CW-C 和 CW-B 各样本的 Coverage 指数均大于 0.98，证明本次测序结果可以代表样品中微生物的真实情况。硫自养反硝化结束较挂膜结束，CW-C 和 CW-B 微生物群落的丰富度提高而多样性下降，证明硫自养反硝化优势菌种富集且丰富度较高。CW-B 的 Ace、Chao 和 Sobs 指数总体高于 CW-C，说明 CW-B 的群落丰富度更大。挂膜结束时，与 CW-C 相比，CW-B 的 Shannon 指数低而 Simpson 指数高，群落多样性更低，而硫自养反硝化结束时出现了相反的情况，CW-B 的群落多样性高于 CW-C。

表 8-3　　　　　　　CW-C 和 CW-B 基质样品 alpha 多样性指数表

| 反应阶段 | 装置 | 样　本 | Ace | Chao | Sobs | Coverage | Shannon | Simpson |
|---|---|---|---|---|---|---|---|---|
| 挂膜结束 | CW-C | CW-C-U (SAD_ini) | 1349.6540 | 1333.7586 | 1237 | 0.9970 | 5.2892 | 0.0161 |
| | | CW-C-M (SAD_ini) | 1414.6840 | 1403.0170 | 1301 | 0.9969 | 5.3654 | 0.0149 |
| | | CW-C-B (SAD_ini) | 1342.2122 | 1328.2034 | 1231 | 0.9970 | 5.0688 | 0.0286 |
| | CW-B | CW-B-U (SAD_ini) | 1434.6430 | 1412.3959 | 1301 | 0.9966 | 5.2385 | 0.0194 |
| | | CW-B-M (SAD_ini) | 1380.1579 | 1360.5556 | 1250 | 0.9968 | 5.2349 | 0.0214 |
| | | CW-B-B (SAD_ini) | 1424.4910 | 1394.9789 | 1286 | 0.9967 | 5.1987 | 0.0256 |
| 硫自养反硝化结束 | CW-C | CW-C-U (SAD) | 1671.3576 | 1641.2043 | 1413 | 0.9929 | 4.4134 | 0.0723 |
| | | CW-C-M (SAD) | 1501.4179 | 1462.5085 | 1297 | 0.9939 | 4.6924 | 0.0331 |
| | | CW-C-B (SAD) | 1348.3413 | 1318.1546 | 1159 | 0.9946 | 4.6217 | 0.0368 |
| | CW-B | CW-B-U (SAD) | 1476.8747 | 1454.5882 | 1369 | 0.9958 | 4.6153 | 0.0744 |
| | | CW-B-M (SAD) | 1603.2026 | 1582.9058 | 1409 | 0.9939 | 4.9684 | 0.0243 |
| | | CW-B-B (SAD) | 2273.3403 | 2219.6809 | 1832 | 0.9894 | 5.5897 | 0.0111 |

## 8.6.2　微生物群落相对丰度

图 8-11 为挂膜结束和硫自养反硝化结束各样本微生物群落在门水平上的相对丰度。挂膜结束和硫自养反硝化结束时，Proteobacteria（变形菌门）和 Bacteroidota（拟杆菌门）均是 CW-C 和 CW-B 的优势菌门。Proteobacteria 是反硝化反应中最常见的菌门，参与自然环境中 C、N、S 等元素循环；Bacteroidota 除了参与反硝化作用，在生物膜的形成中也起重要作用，还参与硝酸盐异化还原为铵。

硫自养反硝化结束较挂膜结束，Proteobacteria 在 CW-C 和 CW-B 装置下部相对丰度由 23.57%、20.86%增加至 54.97%、37.85%；Bacteroidota 在 CW-C 和 CW-B 装置上部相对丰度由 27.21%、20.29%增加至 47.45%、49.78%；Campilobacterota（弯曲杆菌门）相对丰度明显增加，在 CW-C 和 CW-B 的相对丰度分别为 1.56%～14.62% 和 0.31%～6.69%，该菌门富含硝酸盐还原酶基因，可以在低 C/N 废水中保持较高的活性。

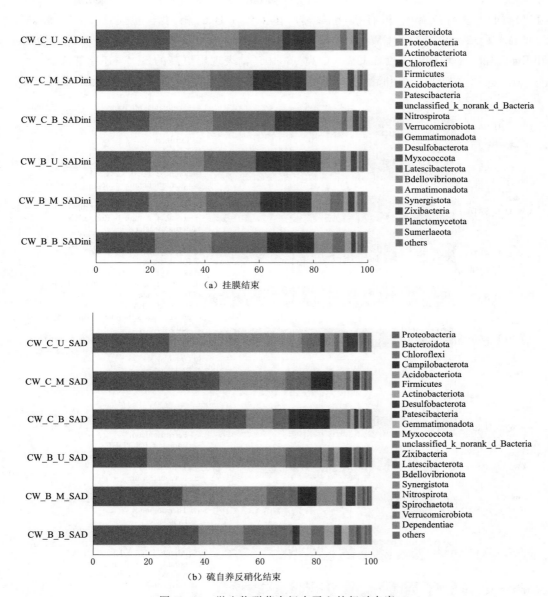

图 8-11 微生物群落在门水平上的相对丰度

除了反硝化作用相关菌门，CW-C 和 CW-B 内 Desulfobacterota（脱硫杆菌门）平均相对丰度分别增长 0.32% 和 2.04%，该菌门含有参与硫酸盐异化还原的微生物，可以有效降低出水 $SO_4^{2-}$ 浓度。

　　CW-C 与 CW-B 各菌门相关丰度在硫自养反硝化结束较挂膜结束出现了明显差异。硫自养反硝化结束时，Bacteroidota 的相对丰度在 CW-B 上中下部（49.78%、30.26%、16.22%）均高于 CW-C（47.45%、23.73%、9.64%）；CW-B 的 Chloroflexi（绿弯菌门）平均相对丰度是 CW-C 的 1.91 倍，该菌门含有大量参与硫自养反硝化的微生物，与硫酸盐的氧化还原作用也密切相关；Actinobacteriota（放线菌门）、Firmicutes（厚壁菌门）同时参与反硝化和有机物降解，在 CW - B 的相对丰度（1.29% ~ 3.56%、2.00% ~ 4.72%）均高于 CW - C（0.93% ~ 1.58%、1.10% ~ 1.91%）；CW - B 的 Desulfobacterota 平均相对丰度比 CW - C 高 96.40%，表现出更高的 $SO_4^{2-}$ 还原能力。

图 8 - 12 为挂膜结束和硫自养反硝化结束各样本微生物群落在属水平上的相对丰度。

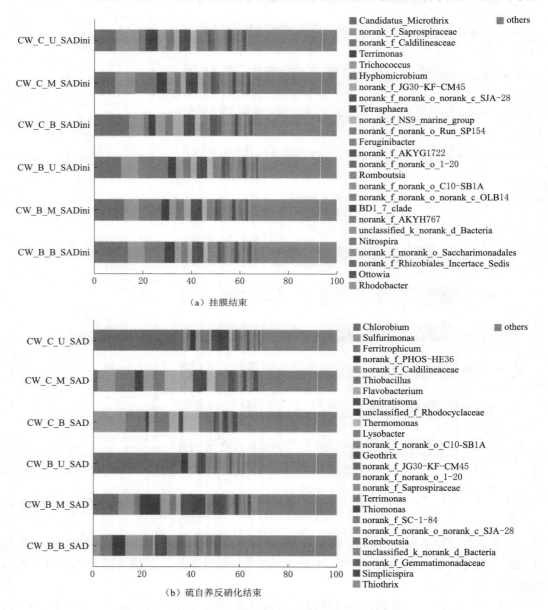

图 8 - 12　微生物群落在属水平上的相对丰度

挂膜结束时，*Candidatus_Microthrix*（小念珠菌属）、*norank_f_Saprospiraceae*（腐败螺旋菌属）、*norank_f_Caldilineaceae*（暖绳菌属）、*Terrimonas*（土生单胞菌属）、*Trichococcus*（串毛球菌属）在 CW - C 和 CW - B 的相对丰度均较高（>3%）。

硫自养反硝化结束时，除了 *norank_f_Caldilineaceae*，*Chlorobium*（绿菌属）、*Sulfurimonas*（硫单胞菌属）、*Ferritrophicum*（嗜铁菌属）和 *Thiobacillus*（硫杆菌属）成为新优势菌属，均可以利用低价态硫作为电子供体还原 $NO_3^- - N$ 和 $NO_2^- - N$。

*Chlorobium*（绿菌属）在 CW-C 和 CW-B 相对丰度最高，分别为 36.77% 和 35.64%，该菌属参与硫氧化反硝化作用，可以通过光合作用固定氮和硫。*Sulfurimonas*（硫单胞菌属）具有硫氧化和反硝化特性，能够使用硫化合物作为电子供体还原 $NO_3^- - N$，其相对丰度在 CW-C 下部（13.18%）和 CW-B 中部（6.68%）明显增加。*Ferritrophicum*（嗜铁菌属）在 CW-C 和 CW-B 的中下部相对丰度分别为 8.19%、8.34% 和 2.26%、4.98%。*Thiobacillus*（硫杆菌属）可以在兼性厌氧条件下，将 $NO_3^- - N$ 和 $NO_2^- - N$ 还原为 $N_2$，其在 CW-C 和 CW-B 下部相对丰度分别为 6.24% 和 4.32%。*norank_f_Caldilineaceae* 是脱氮的关键反硝化菌属，可以有效抵御饥饿、底物利用率低等不利条件，维持生物活性，在挂膜结束和硫自养反硝化结束时，其在 CW-B 的平均相对丰度比 CW-C 分别高 5.39% 和 1.95%。

硫自养反硝化结束时，CW-B 中大量进行硫自养反硝化的菌属相对丰度高于 CW-C，包括 *Chlorobium*（10.32% vs 1.94%）、*Geothrix*（地发菌属）（4.96% vs 2.66%）、*norank_f_PHOS-HE*36（8.44% vs 3.21%）和 *Thiothrix*（丝硫菌属）（2.75% vs 0.60%），生物炭的添加可以有效富集参与硫氧化作用的微生物。除了硫自养反硝化微生物，CW-B 中异养反硝化微生物相对丰度也更高，*unclassified_f_Rhodocyclaceae* 在 CW-C 和 CW-B 的平均相对丰度分别为 2.29% 和 2.59%，*Denitratisoma*（脱硝菌属）在 CW-B 的平均相对丰度比 CW-C 高 0.93%，因此 CW-B 呈现更高的异养反硝化占比。

### 8.6.3 微生物 PICRUSt2 功能预测

图 8-13 为挂膜结束和硫自养反硝化结束时，与氮循环相关的功能基因的相对丰度。整个实验过程中，硝酸盐同化还原过程功能基因（*nasC*）相对丰度最高，$NO_3^- - N$ 易同化还原为 $NO_2^- - N$；硝酸盐异化还原为铵过程 $NO_2^- - N$ 还原功能基因（*nirB* 和 *nirD*）相对丰度远高于反硝化过程 $NO_2^- - N$ 还原功能基因（*nirK* 和 *nirS*），$NO_2^- - N$ 还原为 $NH_4^+ - N$，因此湿地装置出水 $NH_4^+ - N$ 浓度升高。

与挂膜结束时相比，硫自养反硝化结束时硝酸盐同化还原过程仍是去除 $NO_3^- - N$ 的主要去除途径，同时反硝化过程相关功能基因（*napA*、*napB*、*nirS* 和 *norB*）相对丰度增加、硝化过程相关功能基因（*pmoA-amoA*、*pmoC-pmoC*、*hao*、*narG* 和 *narH*）相对丰度明显降低，从而使出水 $NO_3^- - N$ 出水浓度降低。

硫自养反硝化结束，CW-B 反硝化过程相关功能基因（*napA*、*napB*、*nirS* 和 *nosZ*）、硝酸盐同化还原过程相关功能基因（*narB*、NR 和 *nasB*）相对丰度略高于 CW-C，呈现较好的 $NO_3^- - N$ 去除效果，另外，与 CW-C 相比，CW-B 的 $N_2O$ 还原功能基因（*nosZ*）相对丰度较高，且 NO 还原功能基因（*norB* 和 *norC*）相对丰度较低，表明生物炭基硫自养反硝化人工湿地具有 $N_2O$ 减排潜力，使反硝化过程进行更彻底。

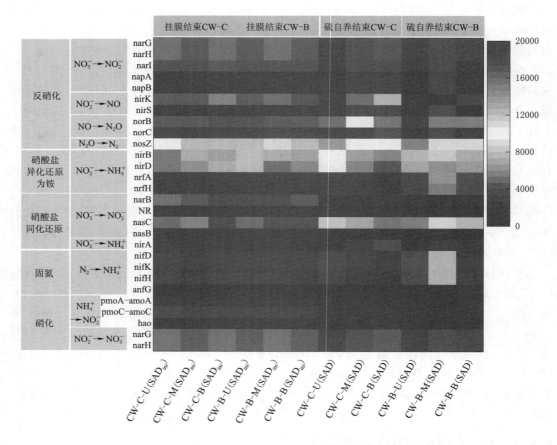

图 8-13 氮循环相关功能基因相对丰度

图 8-14 为挂膜结束和硫自养运行结束时，与硫循环相关的功能基因的相对丰度。整个实验过程中，主要存在硫酸盐同化还原过程、$S_2O_3^{2-}$ 氧化为 $SO_3^{2-}$ 过程以及 $S^{2-}$ 氧化为聚硫化物过程。挂膜阶段，进水中 $NaS_2O_3$ 为硫源，因此硫代硫酸盐转移酶基因（$TST$）相对丰度较高；而硫自养反硝化阶段，仅利用湿地装置内的单质硫为硫源，因此 $TST$ 相对丰度明显降低。

与挂膜结束时相比，硫自养反硝化结束时 $S_2O_3^{2-}$ 氧化为 $SO_4^{2-}$ 过程相关功能基因（$soxY$ 和 $soxZ$）相对丰度增加，但仍低于硫酸盐同化还原过程相关功能基因（$sat$、$cysNC$、$cysN$、$cysD$、$cysC$、$cysH$、$cysJ$、$cysI$ 和 $sir$）相对丰度，因此出水 $SO_4^{2-}$ 浓度未明显增加。$S_2O_3^{2-}$ 还原为 $S^{2-}$ 过程相关功能基因（$phsA$）相对丰度和 $S^{2-}$ 氧化为单质硫过程相关功能基因（$fccB$ 和 $fccA$）相对丰度增加，减少了湿地装置硫源的损耗。

硫自养反硝化结束时，CW-B 硫酸盐同化还原过程相关功能基因（$sat$、$cysH$ 和 $sir$）相对丰度略高于 CW-C，而 $S_2O_3^{2-}$ 氧化为 $SO_4^{2-}$ 过程相关功能基因（$soxY$、$soxZ$ 和 $soxC$）相对丰度低于 CW-C，其出水 $SO_4^{2-}$ 浓度更低；另外，与 CW一相比，CW-B 的 $S_2O_3^{2-}$ 还原为 $S^{2-}$ 过程相关功能基因（$phsA$ 和 $phsC$）相对丰度较高，其 $S^{2-}$ 氧化为单

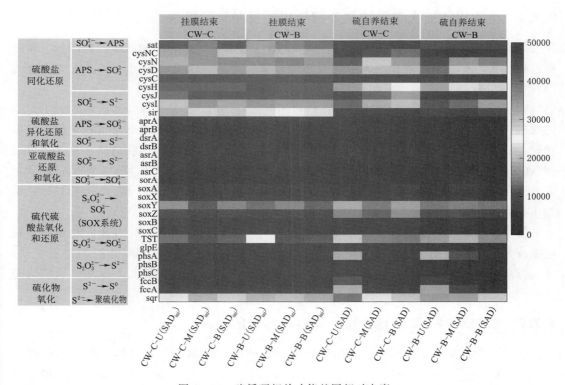

图 8-14 硫循环相关功能基因相对丰度

质硫过程相关功能基因（*fccB* 和 *fccA*）相对丰度也较高，表明生物炭基人工湿地对硫源消耗较少，湿地系统的稳定性更高，可运行时间更长。

## 8.7 生物炭添加对人工湿地反硝化效能和微生物群落的影响

生物炭的电化学活性主要来源于其氧化还原活性成分（表面官能团、自由基等）和导电性结构（π 电子离域和类石墨片状结构）两个方面，可以作为电子供体、电子受体或者电子传递的桥梁，在反硝化进程中起重要作用。研究发现，高温（650～800℃）热解制备的生物炭，其电子转移主要依靠碳基体的直接导电性；较低的热解温度（400～500℃）下制备的生物炭，其电子转移主要依靠官能团的氧化还原循环。Ma 等在硫自养反硝化进行过程中添加了 300℃ 热解制备的玉米秸秆生物炭，氮去除率提高了 31.60%，与生物炭表面丰富的含氧官能团增强了电子产生、电子传递系统和电子受体的活性有关。

本研究在硫自养反硝化人工湿地中添加 400℃ 热解制备的杏仁壳生物炭（BC400），在最佳运行条件下，添加生物炭后 $NO_3^- - N$ 出水浓度降低 25.97%。BC400 的傅里叶变换红外光谱中存在酚羟基振动（1381cm$^{-1}$）、醌类振动（1602cm$^{-1}$），表明其含有氧化还原活性官能团，可以促进反硝化过程中的电子转移，增强反硝化作用。

### 8.7.1　生物炭改变人工湿地内物理结构对反硝化的影响

生物炭具有丰富的表面孔隙结构，巨大的比表面积，对水体中的氨氮、硝酸盐、磷酸盐、有机物均有一定吸附作用，生物炭表面羧基、羟基等含氧官能团也可以有效结合污染物。

除了吸附污染物外，生物炭的微孔结构还可以提供丰富的缺氧微位点，增加人工湿地内反硝化微生物的富集，为微生物群落的附着和繁殖提供良好的环境，形成稳定附着的生物膜，进而影响反硝化进程。DO 浓度变化不仅会影响人工湿地微生物群落丰度，还可能和 $NO_3^- - N$ 竞争而首先成为电子受体，影响人工湿地内 $NO_3^- - N$ 的去除。CW－B 较 CW－C 出水 DO 浓度低 $2.00\% \sim 31.30\%$，出水 $NO_3^- - N$ 平均浓度低 $20.87\% \sim 44.33\%$，添加生物炭的 CW－B 更容易营造缺氧环境，$NO_3^- - N$ 去除率更高。

微生物活动会分泌胞外聚合物（EPS）促进生物膜形成，但过量 EPS 可能导致装置堵塞或者生物膜密度过高减缓氮的传质而影响脱氮速率，导致人工湿地脱氮性能变差。Deng 等的研究发现，生物炭的添加可以降低胞外聚合物的浓度，使人工湿地物理结构密实的同时还可以有效避免堵塞问题。

### 8.7.2　生物炭对人工湿地内微生物群落结构的影响

Bacteroidota 和 Chloroflexi 均是硫自养反硝化的主要菌门，硫自养反硝化结束时在 CW－B 内的平均相对丰度较 CW－C 分别高 $5.15\%$ 和 $6.59\%$。Guo 等在利用人工湿地处理二级出水中硝酸盐的研究中，发现生物炭的添加提高了人工湿地中反硝化微生物菌门（Proteobacteria、Chloroflexi 和 Bacteroidota）的相对丰度。由此可见，添加生物炭可有效增加人工湿地中 Bacteroidota 和 Chloroflexi 的相对丰度，促进反硝化进程。Chloroflexi 除了硫自养反硝化脱氮外，还可以作为生物膜的骨架，其在 CW－B 的相对丰度几乎是 CW－C 的两倍，可见生物炭的添加还促进人工湿地形成密实稳固的生物膜。

生物炭的添加也促进了反硝化微生物菌属的相对丰度。硫自养反硝化结束时，CW－B 内 *Chlorobium*、*norank_f_PHOS-HE36*、*Geothrix* 和 *Thiothrix* 等硫自养反硝化微生物优势菌属相对丰度高于 CW－C，发生了明显的富集。*norank_f_Caldilineaceae* 在 CW－B 的相对丰度始终高于 CW－C，表明生物炭的添加可以有效保证人工湿地运行稳定。

生物炭释放 DOC 的含量随着热解温度的增加而逐渐降低，低温下不完全热解的生物炭释放的溶解有机物（DOC）可以提供更多与生物活性密切相关的碳源。Zhao 等发现添加生物炭且进水 C/N 低的人工湿地中，好氧反硝化菌 *Denitrasoma* 相对丰度较高；Kong 等在对生物炭-黄铁矿双层滞留系统对雨水中溶解性有机物去除的研究中发现 *Denitrasoma* 在生物炭-木片系统（WB）比生物炭-黄铁矿系统（PB）中相对丰度更高，证明添加生物炭促进该菌属相对丰度增加。Zheng 等的研究表明生物炭释放的溶解性有机物（DOC）可以作为碳源被 *unclassified_f_Rhodocyclaceae*。本研究中 BC400 释放的 DOC〔$(66.33 \pm 1.76)\,\text{mg/kg}$〕作为碳源，促进 *unclassified_f_Rhodocyclaceae* 和 *Denitratisoma* 相对丰度的增加，促进异养反硝化，从而增强了 CW－B 中 $NO_3^- - N$ 的去除效果。

　　除了微生物群落相对丰度外，生物炭还影响了人工湿地内与氮和硫循环相关的功能基因的相对丰度。以往研究表明，反硝化过程传递的电子被 Nar（*narB*）、Nir（*nirK*、*nirS*）、Nos（*nosZ*）、Nor（*norB* 和 *norC*）四种反硝化酶利用，添加不同热解温度生物炭均不同程度地促进编码反硝化酶的功能基因的富集。本研究硫自养反硝化结束时，CW–B 较 CW–C 参与反硝化作用的功能基因（*napA*、*napB*、*nirS* 和 *nosZ*）相对丰度分别高 31.82%、31.99%、25.02%、6.98%；参与硝酸盐同化还原功能基因（*narB* 和 *nasB*）相对丰度分别高 27.94%、5 倍，可见生物炭的添加富集了与 $NO_3^- - N$ 还原相关功能基因，可以促进 $NO_3^- - N$ 的还原。CW–B 硫酸盐同化还原功能基因（*sat*、*cysC* 和 *sir*）相对丰度较 CW–C 分别高 89.15%、22.80%、99.12%，硫氧化相关功能基因（*soxA*、*soxX* 和 *soxB*）相对丰度分别高 18.82%、2.66%、8.49%，添加生物炭有利于人工湿地内硫酸盐还原，且生物炭对硫酸盐还原的影响大于硫氧化，因此 CW–B 出水 $SO_4^{2-}$ 浓度更低。

# 8.8　本　章　小　结

　　（1）综合对比各水力停留时间运行阶段出水 COD、TN、$NO_3^- - N$、$NO_2^- - N$、$NH_4^+ - N$ 及副产物 $SO_4^{2-}$ 平均浓度，HRT=4h 时运行效果最好，且 CW–B 各出水指标平均浓度均低于 CW–C，生物炭的添加对硫自养反硝化脱氮有明显的促进效果，达到尾水深度脱氮的目的。

　　（2）门水平和属水平的微生物群落分析表明，Proteobacteria、Bacteroidota 和 Chloroflexi 为硫自养反硝化的主要菌门，*Chlorobium*、*norank_f_PHOS-HE*36、*norank_f_Caldilineaceae*、*Geothrix* 和 *Thiothrix* 是硫自养反硝化的主要菌属。生物炭的添加增加了硫自养反硝化微生物相对丰度，对硫自养反硝化脱氮起到了促进作用。

　　（3）添加生物炭促进了参与硝酸盐及亚硝酸盐还原的功能基因（*napA*、*napB*、*nirS*、*nosZ*、*narB*、NR 和 *nasB*）丰度增加，降低了出水 TN 和 $NO_3^- - N$ 浓度；同时促进硫酸盐同化还原功能基因（*sat*、*cysH* 和 *sir*）的表达，降低出水 $SO_4^{2-}$ 浓度。

# 第 3 篇　外加电子供体强化尾水型人工湿地生物脱氮技术

# 第 9 章  人工湿地水力学特性研究

在人工湿地的运行过程中，水力学特性的影响很大。良好的水力学特性，不仅能提高人工湿地的污染物处理效果，并且能使得人工湿地的设计建造更加合理。但是，当人工湿地工程已经建设完成后，对其进行水力学特性的检测，又难以进一步对已建成的工程进行优化。而即使是中试规模的人工湿地实验，同样也费时费力。因此，利用实验室规模的小试实验装置对人工湿地的水力学特性进行探究，并且在此基础上进行水力学条件的优化，从而在一定程度上指导实际工程的建设，是一个可行的手段。

当前对于水力学特性的研究，通常是通过示踪试验，获得水力停留时间分布曲线，即RTD曲线，然后根据曲线计算并比较一些相关的水力学参数，如短路值、有效体积比、水力效率等，通过得到的图像及参数对装置的水力学特性进行分析评价。在此基础上，大量学者利用数值模拟软件对人工湿地装置进行了模型建立与研究，冯媛利用 MIKE 建立了人工湿地二维水动力学模型，监测了其水流流向、流量、水位、水质等。韩殿超运用 Fluent 模型对人工湿地的入口流速、入口位置和入口数量进行了研究，并尝试了改善湿地内部的滞水状况。许旭应用 Visual MODFLOW 对实验室内的水平流人工湿地进行了模拟，研究了其水流与污染物迁移规律。

针对人工湿地中水力学特性的优化，常常会从基质的选用和铺设或是人工湿地内部结构的改变等方面进行。Kadlec 和 Werner 研究曾发现，人工湿地的表层往往会因为阻力较小而形成短路，底部则往往会因为阻力较大而形成死区。因此，将水力传导系数较大的填料填充在底部，而水力传导系数较小的填料填充在表层似乎能够使人工湿地系统的水力学条件相对更好。但在一些实际工程中，却没有按照这种理论方式填充。对于人工湿地内部结构的改变，最常见的方式便是添加折流板。柳登发在实验中发现，竖向折流板的添加，有时会增加湿地中的死区；王荣震的研究则发现添加挡板的湿地，虽然一定程度上增加了死区，但水流在折流板的作用下流速增大，减少了滞留现象的发生，提高了水力效率；殷楠等研究了水平折流廊道和上下折流廊道的人工湿地，发现上下折流廊道对装置的水力学特性有着显著的提高作用。

本研究构建了一组潜流人工湿地小试系统，设置了两种不同的填料填充方式，即全部填充均一的水力传导系数较小的混合填料，以及上层填充均一混合填料，下层填充粒径较大的传导系数同样较大的卵石填料，从而对比两种情况下装置的水力学条件差异。同时还以折流板的添加作为变量，分别计算有无折流板情况下装置的水力学相关参数，对比两种情况下人工湿地装置的水力学特性的变化，以期给出一些针对人工湿地系统水力学条件优化的意见。

装置的水力学特性对于装置的处理效果有着显著影响，在设计和应用人工湿地装置时，其水力学特性的探索有着重要意义。在实验室尺度下的小试规模人工湿地实验中，垂直潜流人工湿地装置结构相对单一，大多采用垂直柱，这类柱状的装置在保证配水均匀的条件下，通常不会有太大的水力学特性差异。但对于水平流潜流人工湿地装置而言，其往往有着更加复杂多变的布置方式和填充策略，这会给装置的水力学特性带来很大的影响。鉴于本研究之后关于处理效果的进一步研究上，正是使用了水平潜流人工湿地作为运行的装置，因此为了筛选出更加合适的人工湿地装置以供相关实验研究，本章对比了两种不同的填料填充方式（全部填充均一的水力传导系数较小的混合填料；上层填充均一混合填料，下层填充粒径较大的传导系数同样较大的卵石填料）以及有无折流板情况下装置的水力学特性差异，以求在此基础上得到较为合适的装置设计方案，为实验装置的应用提供依据，并尝试给出一些针对人工湿地系统水力学条件优化的相关建议。

## 9.1　人工湿地实验装置与填料

### 9.1.1　实验装置设计

实验装置采用有机玻璃制成，内部有效尺寸为 $600mm \times 500mm \times 600mm$（长×宽×高）。装置设 50mm 超高，余下 550mm 为填充基质。装置进出水均采用穿孔管形式，以尽量提高装置布水的均匀性，从而提升装置的水力条件。进水管埋设于进水配水区卵石层中，距装置顶部 100mm，出水管埋设于出水集水区卵石层中，距离装置顶部 150mm，装置整体大致为上进上出的进出水方式。

为探究填充方式及折流板添加对装置的水力学特性的影响，共设置了三组尺寸相同的装置，其内部具体布设如下。

1 号装置：无折流板，进出水区各宽 50mm，高 550mm，填充卵石；主基质区宽 500mm，高 550mm，填充混合填料。具体设置方式如图 9-1（a）所示。

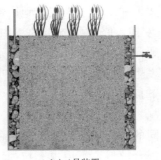 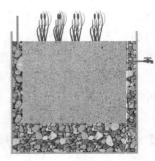 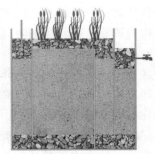

|（a）1 号装置|（b）2 号装置|（c）3 号装置|

图 9-1　人工湿地装置示意图

2 号装置：无折流板，进出水区各宽 50mm，高 550mm，填充卵石；主基质区宽500mm，高 550mm，下部填充 150mm 厚卵石，上部 400mm 填充混合填料。具体设置方式如图 9-1（b）所示。

3 号装置：添加折流板，分别在距离进水口处 100mm、400mm、500mm 处添加折流板，装置由此被分为四个区域，每个区域顶部留 50mm 超高，每个区域剩余部分的上端填充 100mm 厚卵石，下端填充 70mm 厚卵石，用于每个区域的进出水配水，中间则填充混合填料。具体设置方式如图 9-1（c）所示。

## 9.1.2 填料的选择

基质粒径在保证卵石粒径和混合填料粒径有足够差异以及保证有足够的过水能力的前提下，尽量选择了较小的粒径。卵石及混合填料的具体参数见表 9-1。

表 9-1                                                填 料 参 数

| 填 料 名 称 | | 填料粒径 /mm | 填料密度 /(g/cm³) | 占混合填料质量比 /% | 孔隙度 /% |
|---|---|---|---|---|---|
| 卵石 | | 8～12 | 1.45 | — | 52.63 |
| 混合填料 | 沸石 | 2～4 | 0.95 | 60 | 50.87 |
| | 石英砂 | 2～4 | 1.41 | 30 | |
| | 火山岩 | 5～8 | 0.83 | 10 | |

# 9.2 实验方法与参数计算

在研究潜流人工湿地的水力学特征的过程中，示踪试验是最有效的手段之一。通过脉冲示踪试验，可以得到装置水力停留时间分布曲线，即 RTD 曲线，借助该曲线并结合一些能够反映水力学规律的参数的计算，可以对装置的水力学条件进行评估。

## 9.2.1 试验过程

在各装置均装填完毕后，以恒定流量向装置中进水，待出水口已开始稳定出水，将 5.0g NaCl 作为示踪剂溶解于 100mL 水中，然后切换进水流量，以极大流速，将示踪剂瞬时投入装置中，接着再次切换进水流量，继续以恒定流量进水。此时，开始在装置出水口收集出水，并测定其电导率，测量时间间隔为 2min。将所有测得的出水口电导率与对应时间数据进行记录，以便后续计算分析使用。

## 9.2.2 数据处理方法

根据流体反应器理论，通过脉冲示踪试验，在装置出口处测得的浓度相当于停留时间的分布密度。本实验所测的参数是电导率，需要对测得的电导率进行标准化处理，按照式（9-1）进行：

$$N(t) = \frac{[E(t) - E_w] M_{NaCl} Q}{(\lambda_{Na} + \lambda_{Cl}) M} \qquad (9-1)$$

式中：$t$ 为示踪试验开始后的时间，h；$E(t)$ 为 $t$ 时刻出水口处的瞬时电导率值，S/m；$E_w$ 为进水背景电导率，S/m；$M_{NaCl}$ 为 NaCl 的摩尔质量，g/mol（$M_{NaCl} = 58.44$g/mol）；

$Q$ 为入流流量，$m^3/h$；$\lambda_{Na}$ 为 $Na^+$ 摩尔电导率，$S \cdot m^2/mol$，$\lambda_{Na} = 5.01 \times 10^{-3} S \cdot m^2/mol$；$\lambda_{Cl}$ 为 $Cl^-$ 摩尔电导率，$S \cdot m^2/mol$，$\lambda_{Cl} = 7.63 \times 10^{-3} S \cdot m^2/mol$；$M$ 为加入示踪剂的总质量，$g$；$N(t)$ 为标准化的停留时间分布密度，$h^{-1}$。

### 9.2.3　水力学特性参数

#### 9.2.3.1　有效体积比 $e$

Thackston 等基于对浅水池塘的示踪试验数据分析，提出了有效体积比的概念，将其定义为系统的平均停留时间与名义停留时间的比值 [式（9-2）]。通常有效体积比越接近 1，代表装置的水力学特性相对越好。

$$e = \frac{T_m}{T_n} = \frac{V_e}{V_t} \tag{9-2}$$

$$T_m = \frac{\int_0^\infty t N(t) \, dt}{\int_0^\infty N(t) \, dt} \tag{9-3}$$

$$T_n = \frac{V_t}{Q} \tag{9-4}$$

式中：$e$ 为装置的有效体积比；$V_e$ 为装置中有示踪剂通过的有效体积，$m^3$，即示踪剂在湿地中运动并迁移到出水口的有效空间；$V_t$ 为装置总有效体积，$m^3$，可表示为装置总体积与介质孔隙率的乘积；$T_m$ 为示踪剂在潜流人工湿地中的平均停留时间，$h$，由式（9-3）求得；$T_n$ 为名义停留时间，$h$，由式（9-4）求得；$Q$ 为装置的入流体积流量，$m^3/h$。

#### 9.2.3.2　短路值 $s$

TA 等提出短路值的概念，用来在一定程度上描述装置的短路程度，需要结合 RTD 曲线图像，短路值越大，表明 RTD 曲线图像的出峰越陡，反之则表明出峰会比较平缓，由式（9-5）计算：

$$s = \frac{T_{16}}{T_{50}} \tag{9-5}$$

式中：$s$ 为装置的短路值；$T_{16}$ 为出水口处示踪剂回收率为 16% 时的水力停留时间，$h$；$T_{50}$ 为出水口处示踪剂回收率为 50% 时的水力停留时间，$h$。

#### 9.2.3.3　标准水流散度 $\sigma_\theta^2$

标准水流散度由水流散度，即由 RTD 曲线的方差得来，其可以在一定程度上描述装置内的水流状态，其数值介于 0~1，当其等于 1 时，代表装置的水流状态是完全混合流；当其值等于 0 时，代表装置的水流状态是理想推流。计算公式如下：

$$\sigma^2 = \frac{\int_0^\infty (t - T_m)^2 N(t) \, dt}{\int_0^\infty N(t) \, dt} \tag{9-6}$$

$$\sigma_\theta^2 = \frac{\sigma^2}{T_n^2} \tag{9-7}$$

式中：$\sigma^2$ 为水流散度，即方差，用于描述装置中水流流态与理想推流状态的偏移程度；$\sigma_\theta^2$ 为标准水流散度。

#### 9.2.3.4 水力效率 λ

为了更好地描述装置内部的水力学特征，Persson 等在有效体积比 $e$ 的基础上，结合大量研究数据，提出了水力效率的概念，其可以由以下公式求得：

$$\lambda = e\left(1 - \frac{1}{N}\right) = \frac{T_m}{T_n}\left(1 - \frac{T_m - T_p}{T_m}\right) = \frac{T_p}{T_n} \tag{9-8}$$

$$N = \frac{1}{\sigma_\theta^2} \tag{9-9}$$

式中：$N$ 为反应单元数；$T_p$ 为湿地出口示踪剂浓度达到最大时所花费的时间，h。

#### 9.2.3.5 Pe 数

Pe 数即 Peclet 数，其物理意义是轴向对流流动与轴向弥散流流动的相对大小，它的倒数是可以表征返混大小的量纲为 1 的数，当 Pe 数较大时，代表装置返混程度较小，装置水流状态接近理想推流；当 Pe 数较小时，代表装置返混程度较大，装置水流状态接近完全混流。其与标准水流散度有如下关系：

$$\sigma_\theta^2 = \frac{2}{Pe} - 2\left(\frac{1}{Pe}\right)^2(1 - e^{-Pe}) \tag{9-10}$$

## 9.3 各实验装置水力学特性分析

分别在 3 组装置中进行了相同水力负荷下的示踪试验，选取各组中示踪剂回收率最高的一次试验结果作为本次实验的结果，将所得的电导率数据运用式（9-1）进行标准化处理后得到停留时间分布密度 $N(t)$，并将其绘制成停留时间分布密度图，如图 9-2 所示。根据图像，以及运用式（9-1）～式（9-10），计算 3 组实验装置的各个水力学参数，见表 9-2。

表 9-2　　　　　　　　　各装置水力学相关参数计算结果

| 装置名称 | 有效体积比 $e$ | 短路值 $s$ | 水力效率 λ | 标准水流散度 $\sigma_\theta^2$ | Pe 数 |
|---|---|---|---|---|---|
| 1 号装置 | 1.24 | 0.65 | 0.90 | 0.18 | 6.54 |
| 2 号装置 | 1.03 | 0.50 | 0.41 | 0.64 | 1.55 |
| 3 号装置 | 0.63 | 0.52 | 0.59 | 0.07 | 29.64 |

由图像可知，三个装置的水流状态均介于理想推流和完全混流之间。

从装置填料装填的角度看，即对比主基质为纯混合填料的 1 号装置和主基质由混合填料和卵石组成的 2 号装置。发现 1 号装置拥有着很高的水力效率 λ 值，且标准水流散度 $\sigma_\theta^2$ 也更接近 0，同时 Pe 数大于 2 号装置，也即 1 号装置相较于 2 号装置水流更加接近于理想推流。但比较二者的有效体积比 $e$，两者的有效体积比均出现了大于 1 的情况，对于有

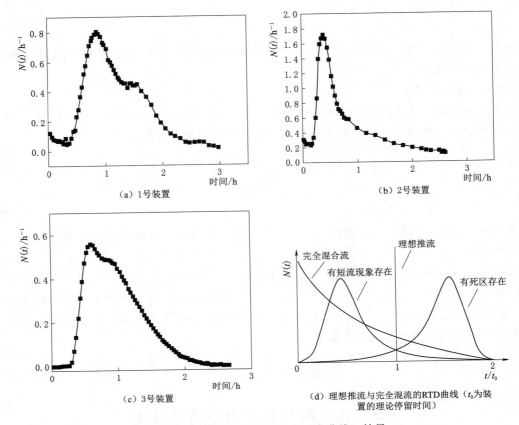

图 9-2　RTD（水力停留时间分布曲线）结果

效体积比大于 1 的情况，白少元等和宋新山等认为有效体积比 $e$ 大于 1，代表着装置存在较严重的短路现象，而小于 1 则说明存在死区，大于 1 越多，则通常说明短路现象越严重，同时再结合两个装置的短路值情况，可以得出 1 号装置的短路现象要比 2 号装置严重。

从装置折流板有无的角度比较，即对比主基质为纯混合填料且未添加折板的 1 号装置和主基质同样为混合填料但添加了折流板的 3 号装置。发现 1 号装置的水力效率 $\lambda$ 要大于 3 号装置；但从标准水流散度 $\sigma_\theta^2$ 看，3 号装置却更加接近于 0，比较二者的 Pe 数，3 号装置的 Pe 数则明显大于 1 号装置，两个参数共同说明 3 号装置中的水流状况相较于 1 号装置，似乎更加接近于理想推流状态。接着对比二者的有效体积比 $e$，3 号装置小于 1，而 1 号装置则大于 1，这说明 3 号装置中的死区现象更明显，1 号装置则是短路现象更明显。结合短路值 $s$，可以看出折流板的添加确实一定程度上缓解了装置的短路现象。

在本实验的装置规模及运行条件下，可以发现：

装置填料填充方式的改变，即将主基质由整体均一的填料改为上端小粒径填料下端大粒径填料的装填方式，可以起到改善装置短路现象的效果，但最终装置的水力效率 $\lambda$ 却会有所降低，这可能是因为装置底部的大粒径基质使得原本就较易形成死区的底部条件变得更差，从而加重了死区的情况，最终导致了装置整体在短路现象得到改善的情况下，却依然出现了水力效率降低的现象。同时，装置在整体基质粒径较小的情况下，水流状况更加接近理想推流，这可能是由于基质粒径的减小，使得整体的渗透系数减小，从而令水流在装置内的扩散程度减小，水流散度降低，水流便更加接近理想推流。

装置中折流板的添加，明显改善了装置的短路现象，但同样的，在本实验中，添加折流板的装置却并没有因为短路现象的减弱而使得整体的水力效率有所提高，相较于未添加折流板的情况反而有所下降，这可能是因为竖向折板的添加有时候会增加装置中死区的存在，而这些死区，往往存在于由折流板造成的水流拐角处外侧。

人工湿地目前被认为是一种一级生化反应器，对于一级反应而言，装置中的水流状况越接近推流，反应相较于完全混流所需的反应容积更小，且将污染物降低到同一浓度所需的反应时间也更短。因此，人工湿地中，水流越接近推流，反应效果理论上也越好。显然，添加折流板后的装置有着更小的标准水流散度，更高的 Pe 数，这意味着其拥有着更接近理想推流的水流状态。因此，对于折流板的添加，如果能通过进一步的研究减小其对于死区增加的影响，则可以极大地提高人工湿地装置的污染物处理效果。

## 9.4 本 章 小 结

不论是填料填充方式的改变，还是折流板的添加，对于装置的水力学特性，总会有个别方面的提升效果。但与此同时，可能由于改变方式的不恰当，带来其他水力学条件的降低，从而削弱了改善的效果。因此，在将这类改善人工湿地水力学状况的方式应用到实际的过程中，应当做好充分的实验验证，以免造成适得其反的结果。

综合本实验的运行结果来看，为了更好保障运行效果，后续水平潜流人工湿地相关实验应选择在装有折流板的设计下进行，以使得装置更加接近理想推流模式，从而尽量发挥出装置的脱氮能力。

# 第10章 植物碳源与硫酸根驱动自养/异养协同反硝化系统脱氮效果

为了解决人工湿地系统处理污水处理厂尾水时碳源不足的问题，并克服传统液态有机碳源的诸多缺点，本章选择运用植物废料——芦苇秸秆作为人工湿地的基质，发挥外加电子供体作用。在此基础上，结合尾水中常见的硫酸根，构建起自养/异养协同反硝化的人工湿地系统，有效实现了尾水脱氮效果的提升。

## 10.1 材 料 与 方 法

### 10.1.1 人工湿地实验装置

实验装置由有机玻璃制成（见图10-1），长600mm，宽500mm，高600mm。共设置两组平行装置，实验组为装填了芦苇秸秆作为缓释碳源的W单元，对照组为未装填芦苇秸秆的N单元。两单元均沿长度方向设置3个垂直方向的折流板，形成四部分不同区域，依次为上向流或下向流的水流条件，并分别以Zone1~Zone4命名，而Wzone1~Wzone4（Nzone1~Nzone4）代表其为W单元（N单元）中的区域。为了在各单元中创造更好的厌氧环境，以利于反硝化微生物的生长，Wzone2和Nzone2的长度增加至300mm，其余区域则均为100mm。为了创造更加均匀的水流分配及更好的水流条件，进出水管均采用穿孔管，分别设置在湿地系统（CW）的前后端顶部（出水管略低于进水管）。湿地系统的整体布置如图10-1所示。

将沸石、石英砂、火山岩按照体积比6：3：1进行混合，混合基质用作装置的主要填料。选用大粒径卵石装填在每一区域的进出口处，用以保障水流的均匀分配。将所有填料经自来水洗净，在进行装填之前，对其进行基本性质分析（分析结果见表10-1）。

表10-1 基 质 性 质

| 基质名称 | 堆积密度/(g/cm³) | 孔隙率/% | 直径/mm |
|---|---|---|---|
| 沸石 | $0.95\pm0.01$ | $44.23\pm1.41$ | 2~4 |
| 石英砂 | $1.41\pm0.02$ | $41.37\pm0.48$ | 2~4 |
| 火山岩 | $0.83\pm0.02$ | $54.37\pm2.78$ | 5~8 |
| 混合基质 | $1.11\pm0.02$ | $41.98\pm1.95$ | |
| 卵石 | $1.47\pm0.06$ | $44.15\pm1.91$ | 8~16 |

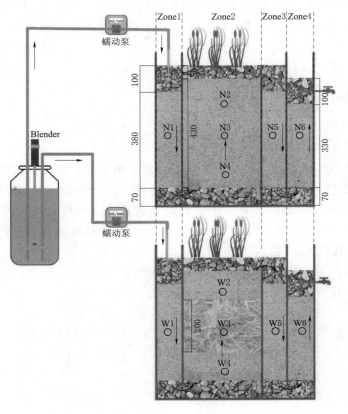

图 10-1　装置示意图（单位：mm）

装置整体超高 50mm，最大填充厚度为 550mm。在 N 单元中，由下至上填充基质分别为：NZone1 填充 70mm 卵石＋380mm 混合基质＋100mm 卵石；NZone2 填充 70mm 卵石＋430mm 混合基质＋50mm 卵石；NZone3 填充方式与 NZone1 一致；Nzone4 填充 70mm 卵石＋330mm 混合基质＋100mm 卵石。在 W 单元中，除了 Wzone2 在中部填充了 200mm 厚的芦苇秸秆替代混合基质外，其余填充内容与 N 单元保持一致。此外，两个单元的 Zone2 分别种植 20 株/m² 的芦苇作为模拟湿地系统的植物。

芦苇秸秆购买自江苏省南京市某园艺农场，将其切碎至 2～3mm 的碎段，浸泡于 1% NaOH 溶液约 1d 时间，能够充分降解其所含木质素，从而提高其生物可降解性。浸泡结束后，将芦苇秸秆碎段利用自来水冲洗至中性，然后干燥至恒重，存储以备使用。对本实验所用芦苇秸秆进行元素组成分析，其元素组成成分为 90% C、7.6% H、0.4% N 以及 2% 其他元素。

## 10.1.2　实验用水

实验用水模拟我国污水处理厂二级出水性质配置而成，其主要特点为：所含有机物难以降解；C/N 较低；所含 TN 以硝氮为主。配置模拟用水所用药品主要包括：$CH_3COONa(COD)$、$KNO_3(NO_3^- - N)$、$NH_4Cl(NH_4^+ - N)$、$KH_2PO_4(TP)$。此外，为了使微生物生长更加迅速，还添加了如下药品构成微量元素（mg/L）：EDTA，5、$FeCl_3$ · $6H_2O$，0.75、$H_3BO_3$，0.075、$CuSO_4$ · $5H_2O$，0.15、KI，0.09、$MnCl_2$ · $2H_2O$，0.06、$(NH_4)_2MoO_4$，0.01、$ZnSO_4$ · $7H_2O$，0.06、$CoCl_2$ · $H_2O$，0.075、$CuCl_2$ · $2H_2O$，0.02、$MgSO_4$，12。

## 10.1.3　系统的运行

本实验共运行 78d，实验地点为太原理工大学。整个实验运行期间，根据 C/N 的变化，共分为 5 个阶段。

Stage Ⅰ 为起始阶段，在该阶段，首先进行污泥接种工作，将取自污水处理厂（位于山西省境内）厌氧池的活性污泥注入湿地系统，静置几日，使得污泥与基质充分接触，促进生物膜的形成，并尽量培养富集反硝化菌成为优势菌。然后使用蠕动泵（BT300M/YZ1515X，保定创锐蠕动泵有限公司）从容积为 50L 的塑料水桶中进行连续流进水，并调整流量使得水力停留时间维持在 2～3d。

起始阶段 Stage Ⅰ 结束后，开始进入正式运行阶段（以 Stage Ⅱ 为起始）。在 Stage Ⅱ 期间，微生物群落逐渐适应湿地的微环境，系统也变得更加稳定。在 Stage Ⅲ 和 Stage Ⅳ 期间，模拟废水 C/N 逐渐降低，变得与实际污水处理厂尾水更加接近。进入 Stage Ⅴ，进水有机物浓度降低至接近 0mg/L，在此阶段，芦苇秸秆将几乎成为实验组装置唯一的电子供体和碳源。整个运行期间两组湿地系统的各项运行参数见表 10-2。

表 10-2　　　　　　　　　　　　　　湿地系统各阶段运行参数

| 阶段名称 | 时间/d | C/N | COD /(mg/L) | $NO_3^- - N$ /(mg/L) | $NH_4^+ - N$ /(mg/L) | TP /(mg/L) |
|---|---|---|---|---|---|---|
| Ⅰ | 1～32 | 3～5 | 92.70±19.27 | 19.37±1.55 | 2.25±0.93 | 3.24±1.29 |
| Ⅱ | 33～44 | 3～4 | 82.99±11.36 | 19.64±0.49 | 2.65±1.23 | 2.83±0.60 |
| Ⅲ | 45～57 | 2～3 | 56.75±1.98 | 20.07±0.61 | 2.89±0.38 | 3.38±2.17 |
| Ⅳ | 58～69 | 1～2 | 25.25±5.95 | 20.08±0.56 | 2.09±0.41 | 2.80±0.34 |
| Ⅴ | 70～78 | <1 | 5.68±0.36 | 19.97±0.74 | 2.21±0.28 | 4.25±0.39 |

## 10.1.4　样品收集与分析

每 3d 对装置进出水进行一次取样，进出水各取 3 组样品作为平行样进行检测。对水样 COD、TN、$NO_3^- - N$、$NH_4^+ - N$、$NO_2^- - N$、TP 进行检测，测试方法见表 10-3。为了对 W 和 N 单元内部的环境因芦苇秸秆添加而发生的变化进行对比，在系统处理效果稳定后（约 1 个月），每隔 3d 分别取两个单元的 Zone2 中两个点位（W3、W4 和 N3、N4）和 Zone3 中一个点位（W5 和 N5）进行 pH、DO 以及 ORP 的监测（取样点位置见图 10-1）。

在 Stage Ⅴ 运行结束后，对两个单元中的基质样品进行收集。取样点沿着水流方向布设在整个装置的所有区域内，分别在两单元的相同高度进行取样，取样点名称分别为 W1、W2、W3、W4、W5、W6、N1、N2、N3、N4、N5 和 N6（图 10-1）。此外，还对

表 10-3　　　　　　　　　　水 质 指 标 测 试 方 法

| 指标名称 | 测试方法/仪器 |
|---|---|
| COD | 快速消解分光光度法（HJ/T 399—2007） |
| TN | 碱性过硫酸钾消解紫外分光光度法（HI 636—2012） |
| $NO_3^- - N$ | 紫外分光光度法（HJ/T 346—2007） |
| $NH_4^+ - N$ | 纳氏试剂分光光度法（HJ 535—2009） |
| $NO_2^- - N$ | 分光光度法（GB 7493—87） |
| TP | 钼酸铵分光光度法（GB 11893—89） |
| pH | pH 测定仪 FE28-CN |
| DO | DO 测定仪 JPBJ-608 |
| ORP | ORP 测定仪 ORP-1 |

两单元种植植物（芦苇）的根系样品进行取样，分别命名为 ZW、ZN。以上所有样品（基质和植物根系）收集后依次进行 PCR 扩增、高通量测序以及微生物代谢功能预测。

### 10.1.5　数据处理与分析

使用各平行样的平均值进行去除率的计算。利用 IBM SPSS Statistics 26 软件进行统计学分析，运用 T 检验进行显著性分析，当 $P < 0.05$ 时视为具有显著性差异。高通量测序结果首先进行质量控制，而后利用 Shannon 指数和 Simpson 指数作为分析 alpha 多样性的主要参数。接着对样品进行分类学检测，通过柱状图展示各样品的微生物群落分类学信息。利用 R 语言计算 Bray-Curtis 距离，进行 PCoA 分析从而得到 beta 多样性结果。微生物代谢功能预测结果利用 FAPROTAX 数据库进行参照而得到。

## 10.2　不同进水 C/N 下污染物的处理效果

COD、$NO_3^- - N$、TN、TP、$NO_2^- - N$ 及 $NH_4^+ - N$ 在 W 和 N 单元中处理效果随进水 C/N 的变化情况将在接下来讨论。芦苇秸秆的添加对于两单元处理效果的影响显而易见。

### 10.2.1　COD 处理效果

就 W 单元而言，整个运行过程中的出水 COD 浓度总是高于进水（图 10-2）。这意味着芦苇秸秆能够有效释放碳源，从而导致了较高的出水 COD 浓度。但是随着时间的推移，COD 的出水浓度及出水增量呈现出不断下降的趋势（图 10-2），可能是因为芦苇秸秆的碳源释放能力在随着时间的推移而不断削弱。

就 N 单元而言（即没有添加芦苇秸秆的单元），在进水 C/N 为 3～5 的 Stage I 阶段（起始阶段），COD 的去除率变化很大（32.70%～91.87%）（图 10-2）。但是随着 N 单元中微生物对于装置整体微环境的逐渐适应，微生物数量不断增长，COD 去除率整体

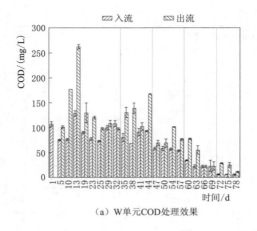
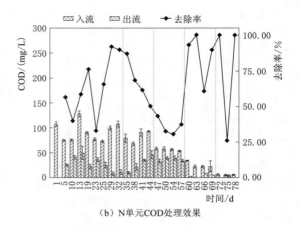

（a）W单元COD处理效果　　　　　　　（b）N单元COD处理效果

图 10-2　W 和 N 单元 COD 处理效果

呈现出上升趋势。随着运行进入 Stage Ⅱ 和 Stage Ⅲ 阶段，C/N 不断降低，COD 的去除率呈现出下降趋势（87.05%～30.48%），这可能是因为微生物由于进水碳源含量的不断降低造成了数量的降低，从而减少了 COD 的消耗，最终使得 COD 去除率降低。在 Stage Ⅳ 和 Stage Ⅴ 阶段，仍在生长的微生物已是基本适应了碳源不足环境的微生物，其将进水中本就不足的 COD 消耗殆尽，使得 COD 的去除看上去还有了小幅度的上升。

　　总之，两单元的 COD 出水浓度有很大差异：N 单元 COD 出水浓度低于进水浓度说明本实验的装置展现出符合期望的 COD 去除能力；而 W 单元出水 COD 浓度的增加，则主要归因于芦苇秸秆的添加，说明芦苇秸秆是合格的碳源物质。

## 10.2.2　TN 和 $NO_3^-$ - N 去除效果

　　两单元 TN 和 $NO_3^-$ - N 在各实验阶段的去除情况也进行了监测，当 COD 充足时，两单元的出水 $NO_3^-$ - N 浓度都明显下降（图 10-3）。在 Stage Ⅰ 阶段，两单元 $NO_3^-$ - N 去除率都较高，但是波动也较大，出水最大 $NO_3^-$ - N 浓度通常不超过 2.68mg/L。这一结果说明碳源的添加（N 单元的进水碳源；W 单元的进水及芦苇秸秆释放碳源）能够有效促进反硝化的发生，从而降低湿地系统中 $NO_3^-$ - N 的浓度。

　　当运行来到 Stage Ⅱ（C/N=3～4）。W 单元依旧维持了高水平的 $NO_3^-$ 去除率，这是在进水 COD 与芦苇秸秆的共同加持下实现的。N 单元中 $NO_3^-$ - N 也保持了稳定的去除效率（82.14%～100%），一方面可能是因为进水碳源依旧充足，另一方面则可能是之前阶段中富集生长的反硝化微生物还未大量死亡，凭借这些反硝化微生物依旧能够实现相当程度的反硝化作用，从而维持住了高水平的脱氮效果。

　　进一步运行至 Stage Ⅲ～Ⅴ，这些阶段的进水碳源都呈现出不足的现象。在 W 单元中，即使进水 C/N 不断下降，但进水碳源不足的问题在芦苇秸秆的碳源释放下得以弥补，这使得 $NO_3^-$ - N 去除率依旧维持在较高水平。而在 N 单元中，由于进水碳源不足，反硝化在这些阶段受到抑制，其出水 $NO_3^-$ 浓度也仅有小幅度下降，$NO_3^-$ 去除率也明显低于进水碳源充足的上述两阶段（Stage Ⅰ 和 Stage Ⅱ）。

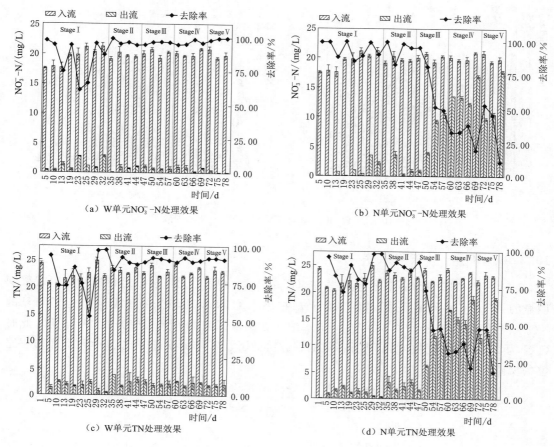

图 10-3　W 和 N 单元 TN 和 $NO_3^- - N$ 处理效果

由于模拟废水中 TN 的主要构成部分为 $NO_3^-$，因此两单元 TN 去除率和出水浓度在各阶段的变化情况大致上与 $NO_3^- - N$ 一致（图 10-3）。对比 W 和 N 单元之间在 $NO_3^- - N$ 和 TN 去除效果的不同，尤其是对比进水碳源不足的各阶段（StageⅢ～StageⅣ）可以看出：W 单元展现出远高于 N 单元的氮去除能力（去除率最大时相差 9 倍），同时这些污染物（TN、$NO_3^- - N$、COD）在两单元之间的差别则说明芦苇秸秆在本实验构建的装置中能够有效释放碳源，并保证了微生物反硝化的进行。

### 10.2.3　$NH_4^+ - N$ 去除效果

人工湿地系统对于废水中 $NH_4^+ - N$ 的净化主要通过硝化作用实现，芦苇秸秆的碳源释放对这一过程的影响较小。因此，两单元的 $NH_4^+ - N$ 去除效果都呈现出波动且较低的水平（图 10-4），但 W 单元 $NH_4^+ - N$ 出水浓度在各阶段总是呈现出高于 N 单元的现象。一方面可能是因为芦苇秸秆能够释放出少量的 $NH_4^+ - N$，另一方面则可能是因为芦苇秸秆的添加促进了其他 $NO_3^- - N$ 的转化过程的发生（即 $NO_3^- - N$ 的氨化），这两点可能的原因共同造成了出水 $NH_4^+ - N$ 浓度的上升。

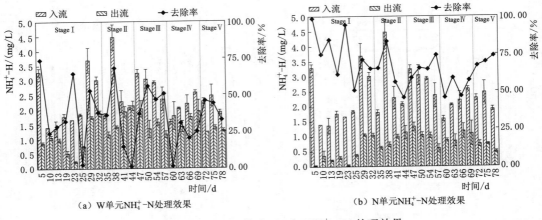

（a）W单元NH₄⁺-N处理效果　　　　（b）N单元NH₄⁺-N处理效果

图 10 - 4　W 和 N 单元 TN 和 $NH_4^+$ - N 处理效果

### 10.2.4　$NO_2^-$ - N 去除效果

$NO_2^-$ - N 的变化情况同样值得关注（图 10 - 5）。W 单元在整个运行期间都未观察到明显的 $NO_2^-$ - N 积累现象，而 N 单元却在进水 C/N 不断降低的情况下出现了明显的 $NO_2^-$ - N 积累情况。其中 $NO_2^-$ - N 出水浓度在两单元间的最大差值为 0.43mg/L，此时 C/N 为 1～2。这说明在芦苇秸秆释放的碳源协助下，W 单元实现了比 N 单元更加彻底完整的反硝化作用。

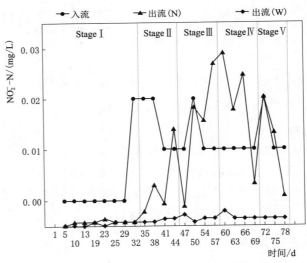

图 10 - 5　W 和 N 单元 $NO_2^-$ - N 处理效果

## 10.3　不同 C/N 下湿地系统的内部环境变化

### 10.3.1　DO 和 ORP 的变化

不同 C/N 下 W 和 N 单元对应点位的 DO 变化情况如图 10 - 6 所示，DO 的变化能够影响微生物的活性、微生物的群落结构以及微生物的多样性，从而进一步对装置的污染物去除效率产生很大程度的影响。

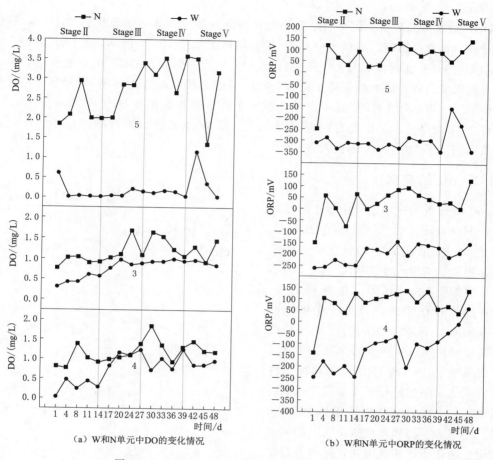

图 10-6　W 和 N 单元中 DO 和 ORP 的变化情况

（a）W 和 N 单元中 DO 的变化情况　　（b）W 和 N 单元中 ORP 的变化情况

W 单元的 DO 水平总是低于 N 单元，可能是因为尽管两个单元进水 C/N 在 Stage Ⅱ～Stage Ⅴ期间都保持一致，但 W 单元中芦苇秸秆不断释放碳源，这些碳源有的被微生物直接降解利用（包括反硝化微生物的利用），碳源的降解使得 DO 不断被消耗，从而降低了 W 单元的 DO，使其低于 N 单元。更低的 DO 意味着缺氧/厌氧环境在 W 单元中更好地建立，这进一步促进了反硝化微生物的生长，从而增强了 $NO_3^- - N$ 的去除效果。W 单元比 N 单元更好的氮去除效果再次证明了以上假设。

随着 C/N 的降低，两单元的 DO 水平都呈现出了上升趋势。在 W 单元中，Stage Ⅱ和 Stage Ⅲ阶段，Zone2（W3）处的 DO 水平逐渐升高，此时 DO 范围在 0.5～1.0mg/L；到了 Stage Ⅳ和 Stage Ⅴ，DO 浓度几乎保持不变，平均值在 0.8mg/L 左右。同样的 DO 逐渐上升现象在 N 单元的 Zone2（N3）处也同样出现。这些结果都说明有机物负荷会随着进水 C/N 的降低而降低，从而导致氧气消耗的减少，使得 DO 浓度呈现出上升现象。

沿着 W 单元的水流方向（W4→W3→W5），由于消耗的氧气超过沿程的氧气供给量，

DO 的水平逐渐下降至较低浓度。这些 DO 的消耗一方面可能是因为有机物的不断降解所致，另一方面则可能是主反应区（Zone2）中反硝化微生物的大量生长使得环境向着缺氧/厌氧进一步发展。

ORP 是表示湿地系统氧化还原电位变化情况的参数，其对于有机物的生物降解以及氮去除都有着重要影响，两单元中 ORP 的变化情况如图 10 - 6 所示。整体上来看，两单元中 ORP 的时空变化情况与 DO 较为接近。W 单元中更低的 ORP 水平说明其有着优于 N 单元的厌氧条件，因此也促进了更加强烈的反硝化反应，这也与 W 单元中更好的脱氮效果相一致。W3 中的 ORP 值一直维持在一个稳定且极低的水平（-270～-150mV），即使 C/N 不断降低，其也没有明显改变，这使得 W 单元能够一直维持较高的反硝化强度，从而保证了 $NO_3^- - N$ 的去除。

## 10.3.2　pH 的变化

人工湿地处理废水过程中 pH 的增加或减少不仅取决于进水 pH 本身的数值，还与 C、N、S 在湿地中的状态和变化情况息息相关。两单元在不同 C/N 下的 pH 变化情况如图 10 - 7 所示。在 W 单元中，由于芦苇秸秆作为碳源及电子供体的存在，其实际 C/N 和 $COD/SO_4^{2-}$ 在各阶段都要高于对照组（N 单元），同时 W 单元还有着更低的 DO 和 ORP，在这种条件下，硫氧化反硝化过程可能会借助硫酸盐的还原所带来的硫化物电子供体而发生。这可能使得原本因异养反硝化所产的碱被硫氧化反硝化所产的酸中和，最终表现在 pH 上便是 W 单元低于 N 单元。

除了 W 单元中的 W3 点位外，两单元各阶段的其他点位处 pH 均呈现出下降趋势。在 Stage Ⅱ 阶段，异养反硝化在充足的碳源加持下仍能维持一个较高的水平，因此其产碱效应对 pH 有着较强影响，pH 也因此没有明显降低。而随着时间进入 Stage Ⅲ～Stage Ⅴ 阶段，进水 C/N 不断降低，N 单元因为异养反硝化的不断削弱而呈现出 pH 的降低，W 单元则不仅是由于异养反硝化削弱，同时还伴随着硫氧化反硝化的增强，最终使得 pH 也呈现下降趋势，且这一现象在 W3 的后续

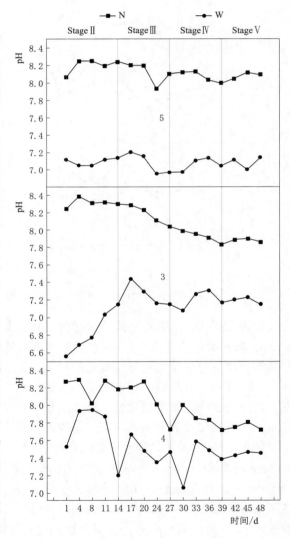

图 10 - 7　人工湿地系统中 pH 变化情况

阶段也同样发生。

## 10.4　$SO_4^{2-}$和COD的吸附及释放实验

总体来看，基质对于COD既没有释放作用也不会通过吸附作用去除COD，整个实验过程中其浓度始终保持在70～95mg/L（图10-8）。而芦苇秸秆则呈现出对于COD的强大释放能力，其COD浓度在实验前4d由320mg/L迅速降低至162mg/L，之后又缓慢降低至80mg/L左右（25d），这种初始阶段较高的COD释放情况也与实验装置中W单元运行期间状况较为一致。

$SO_4^{2-}$和COD的共存对于TN的去除有显著影响，因此对基质和芦苇秸秆的硫酸根静态释放和吸附能力进行了实验（图10-9）。$SO_4^{2-}$是模拟废水的溶剂中天然自带的成分，其浓度通常维持在（96.39±9.43）mg/L。实验结果显示，芦苇秸秆对于$SO_4^{2-}$几乎没有释放能力，而基质则仅能够在初期释放一定的$SO_4^{2-}$（且主要可能来自于沸石的释放）。因此，装置运行过程中被微生物所利用的$SO_4^{2-}$应当主要来自于进水而非基质或芦苇。

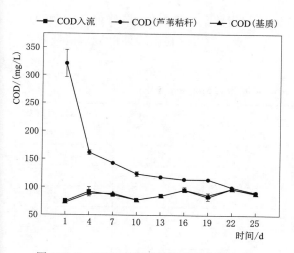

图10-8　COD在静态吸附实验中的变化

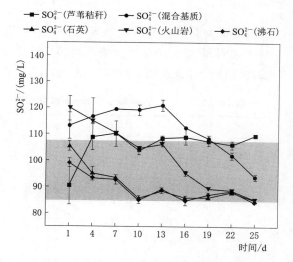

图10-9　$SO_4^{2-}$在静态吸附实验中的变化

## 10.5　微生物群落分析

### 10.5.1　微生物群落多样性

高通量测序所得reads结果如图10-10所示，W和N单元在长度上（碱基对数量）的分布比例较为接近，但是W单元中在不同长度下的reads数量通常要多于N单元。

alpha多样性结果见表10-4，W单元中Shannon指数和Simpson指数平均值分别为

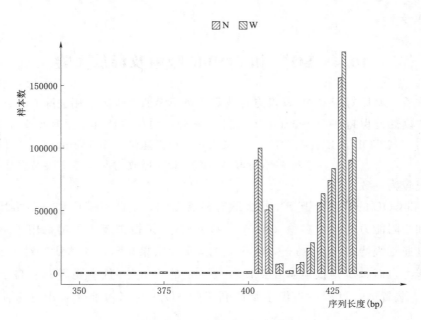

图 10 - 10　不同序列长度在不同样本中的分布

5.765 和 0.0120，N 单元中 Shannon 指数和 Simpson 指数平均值分别为 5.566 和 0.0891。结果表明 W 单元中的微生物群落多样性略高于 N 单元，且 T - test 结果也显示两装置中多样性指数有显著性差异（$P < 0.05$）。

表 10 - 4　　　　　各样本中 alpha 多样性指数（Shannon 指数和 Simpson 指数）

| 样本名称 | Shannon 指数 | Simpson 指数 | 样本名称 | Shannon 指数 | Simpson 指数 |
|---|---|---|---|---|---|
| N1 | 5.42150 | 0.01507 | W1 | 5.50900 | 0.01298 |
| N2 | 5.72078 | 0.01240 | W2 | 5.85363 | 0.01100 |
| N3 | 5.50523 | 0.01696 | W3 | 5.83248 | 0.00970 |
| N4 | 5.41647 | 0.01805 | W4 | 5.94539 | 0.01017 |
| N5 | 5.63723 | 0.01323 | W5 | 5.75624 | 0.01295 |
| N6 | 5.69403 | 0.01336 | W6 | 5.69528 | 0.01495 |
| N cell | 33.39524 | 0.08908 | W cell | 34.59202 | 0.07174 |
| ZN | 5.16285 | 0.02439 | ZW | 5.83107 | 0.00985 |

对于 Beta 多样性，基于属水平得到的 PCoA 结果如图 10 - 11 所示。绝大多数 W 单元中的样品与 N 单元样品差异显著（除了 W1 外），且各植物样品与基质样品差异也较为明显。对比 N 单元内部各样品，由于 N 单元整体所用基质较为均一，且 N 单元中无外界其他因素干扰（芦苇秸秆），因此各 Zone 中不同样品间差异不大。在 W 单元中，各样品或多或少都受到了芦苇秸秆添加所带来的影响，其中 W3 是芦苇秸秆的直接添加位置，因此 W3 展现出了与其他各样品显著不同的微生物群落情况（图中样本点位置距离很远）。W1 与 N1 差异不显著，因为二者皆为各单元的进水区样品，周围环境相差不大，微生物

群落差异也理所当然地不算太大。由以上各方面差异结果可以看出，芦苇秸秆在装置中的添加，不仅会对直接添加的位置产生局部影响，还可能通过改变水流中的污染物情况从而对系统其他区域也产生影响。

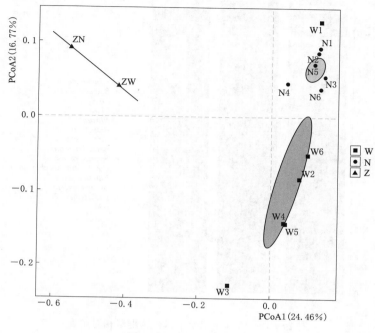

图 10-11　PCoA 结果

对于两组植物样本（ZW、ZN），alpha 多样性指数以及 Beta 多样性分析均显示，两者微生物群落间没有显著性差异。这说明芦苇秸秆的添加尽管能够改变基质周围的环境，却对种植的植物本身影响不大。不过由于植物和基质二者本身性质差异巨大，因此植物样品和基质样品在以上两种多样性分析结果上依然显示出较大差异。

## 10.5.2　微生物群落结构

为了比较两单元微生物群落结构的差异，对各样品进行了门水平和属水平的分析，结果如图 10-12 和图 10-13 所示。

门水平上，*Proteobacteria* 是 W、N 单元所有样品包括植物样品（ZW、ZN）中的优势门，并且相对丰度分别达到了 41%、42%、43%。各样品中占比第二的则是 *Bacteroidetes*，在 W、N 及 ZW+ZN 中相对丰度占比分别达到了 16%、16%、20%。且上述两门在 W 和 N 单元中的差异并不具有显著性。还有一些门，包括具有反硝化能力的 *Firmicutes*、*Actinobacteria* 以及和硝化相关的 *Nitrospirae* 在 W 单元及 N 单元中都有一定丰度，但仅 *Actinobacteria* 表现出了显著的差异性。

进一步对属水平上微生物群落结构进行分析，不同样品中不同属的相对丰度状况如图 10-13 所示。本实验各装置的主要目的是实现 TN（主要是 $NO_3^- - N$）的反硝化去除，因此主要对比了 W 和 N 单元中形成优势（相对丰度＞1%）并且与脱氮功能相关的属的

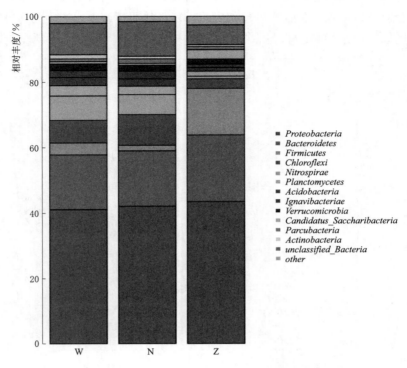

图 10-12 各样本门水平微生物群落相对丰度

（W：芦苇秸秆单元；N：未添加芦苇秸秆单元；Z：植物样本）

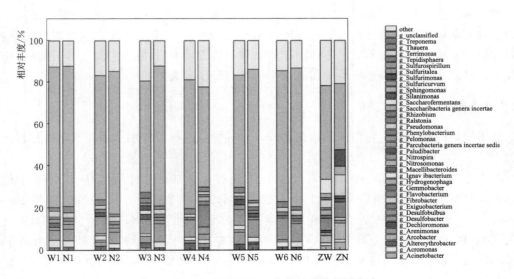

图 10-13 各样本属水平微生物群落相对丰度

（W：芦苇秸秆单元；N：未添加芦苇秸秆单元；ZW：W 单元中的植物样本；

ZN：N 单元中的植物样本）

差异。

*Dechloromonas*，*Thauera* 以及 *Ignavibacterium* 在 W 单元（2.22％、2.40％、2.12％）和 N 单元（1.24％、1.80％、2.30％）都形成了优势，它们都是与反硝化相关的属。*Nitrospira* 是能够进行完全氨氧化（Comammox）的属，其在 W（7.46％）和 N（6.16％）单元中也形成了优势，不过在两单元并没有显著性差异。比较特殊的是 *Sulfurimonas*，它仅在 W（1.27％）单元中形成了优势，而在 N 单元中相对丰度未超过 1％。

在植物样品中（ZW、ZN），*Hydrogenophaga*，*Saccharibacteria_genera_incertae_sedis* 以及 *Gemmobacter* 都是具备反硝化能力的属，它们在 ZW 和 ZN 中都有着较高的相对丰度（>1％），这或许是因为植物根系释放的物质促进了反硝化属的生长。*Pseudomona* 是一类与 P 去除（聚磷菌）相关的属，其在 ZW（3.66％）和 ZN（9.95％）中相对丰度很高，但却对两单元中的 TP 去除几乎没有产生影响，这应当归因于其绝对数量的不足。

### 10.5.3　微生物功能预测

运用 FAPROTAX 数据库对所得微生物测序结果进行比照，预测各样品所具有的微生物代谢功能。各样品中大多数具有优势的微生物代谢功能都与硝化和反硝化相关，图 10-14 展示了其结果。

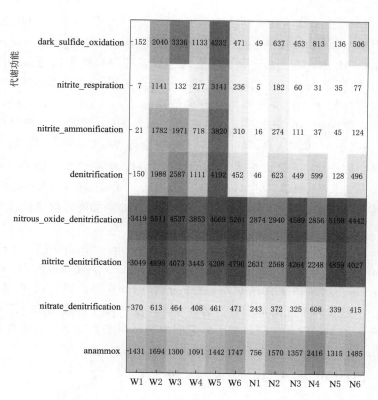
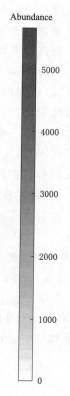

图 10-14　各样本微生物代谢功能预测结果

*Nitrate denitrification*、*nitrite denitrification*、*nitrous oxide denitrification* 是预测结果中的三种与反硝化相关的微生物代谢功能，其在 W 和 N 单元之间没有显著性差异（$P > 0.05$），这可能说明它们并不是造成两单元之间氮（TN、$NO_3^- - N$）去除效果差异的主要因素。并且，受到芦苇秸秆添加影响较大的样品（W2、W3、W5、W6）似乎也没有对这些微生物代谢功能造成过多影响，W 和 N 单元在这些点位差异也不显著。

但是，*denitrification* 这一微生物代谢功能在 W 单元却明显高于 N 单元，意味着 W 单元的反硝化能力得到了强化，这一结果也与前述的 TN 及 $NO_3^- - N$ 所呈现的去除效果相一致，同时还说明这一微生物代谢功能对于两单元之间的脱氮效果差异有着重要影响。对比 W 单元内部各样品的情况，发现芦苇秸秆的添加使得 W 单元中部分点位（W2、W3、W5）中 *denitrification* 都有明显的提升，再次说明芦苇秸秆的添加能够有效提升微生物的反硝化能力。

*Dark sulfide oxidation* 是一类与硫自养反硝化相关的微生物代谢功能，这一代谢功能在 W 单元中要强于 N 单元，这或许是造成 W 单元和 N 单元间脱氮效果差异的又一重要因素。进一步比较了 W2、W3、W5、W6 与 N2、N3、N5、N6 之间的状况，发现 *Dark sulfide oxidation* 这一微生物代谢功能在此之间有着显著性差异（$P < 0.05$），造成这种不同的原因可能是，W 单元中充足的碳源（芦苇秸秆的释放）促进了 $SO_4^{2-}$ 还原过程在湿地系统中的发生，由此形成的还原性硫可以为硫自养反硝化微生物提供电子供体，促进硫自养反硝化的发生。

微生物的 *nitrite respiration* 这一代谢功能能够消耗 $NO_2^-$，它在 W 单元中比 N 单元中水平更高，两单元出水 $NO_2^-$ 的浓度的差异（N＞W）便可能与此有关。*Anaerobic ammonia oxidation*（ANAMMOX）在两单元间无显著性差异，即使是芦苇秸秆直接添加的 W3 和 N3 也未出现明显差别，不过其在两单元中都有一定的水平，这说明 ANAMMOX 在两单元中都能一定程度地发生，且受到芦苇秸秆的影响很小。*Nitrite ammonification* 是系统中的另一个消耗亚硝酸盐的代谢步骤，并且还会伴随着 $NH_4^+$ 的产生，此微生物代谢功能在 W 单元中显著高于 N 单元（$P < 0.05$），这可能使得 W 单元的 $NO_2^-$ 积累情况进一步减少，但同时又会因产生 $NH_4^+$ 而造成了 W 单元中 $NH_4^+$ 去除效果的削弱（弱于 N 单元）。此外，在 W2、W3、W5 中观察到 *Anaerobic ammonia oxidation*（ANAMMOX）这一微生物代谢功能都明显较高，该结果则可能说明芦苇秸秆的添加能够促进此代谢功能的发生。

其他微生物代谢功能，诸如 *respiration of sulfur compounds*、*arsenate respiration*、*knallga bacteria*、*manganese oxidation*、*manganese respiration*、*hydrocarbon degradation*、*dark iron oxidation*、*iron respiration*、*chemoheterotrophy* 等，同样在 W 和 N 单元中有着一定的水平，不过在两单元间都没有显著性差异。这些微生物代谢功能应当与维持微生物的生命活动密切相关，但是它们与氮去除之间的关系可能需要进一步研究讨论。

## 10.6　微生物氮去除路径

人工湿地是一种复杂的生态系统，环境参数（DO、ORP、pH 等）、湿地类型、待处理废水的性质等都会对微生物的种类和丰度产生明显影响，最终会对污染物的处理效果产生影响。本研究中，水平潜流折流人工湿地的类型以及连续流的进水方式共同为系统创造了更低的 DO（W3，$0.31\sim0.2mg/L$）和 ORP（W3，$-262\sim-143mV$），这些条件都有利于厌氧微生物的生长；此外，装置处理的水质有着低 C/N 以及含氮污染物也以 $NO_3^-$ 为主的特点。以上这些因素都有利于传统厌氧异养反硝化微生物（如 *Thauera*、*gnavi-bacterium*、*Silanimonas*、*Dechloromonas* 等）成为系统中的优势微生物，这一结果也与 Hong 等的发现相一致，其报道称厌氧异养反硝化会在低 DO 水平的环境中更容易发生，这些厌氧反硝化微生物能够通过传统厌氧反硝化对 $NO_3^-$ 进行还原以实现脱氮。微生物代谢功能预测中大量发现的 *Nitrous oxide denitrification* 表明，大部分 $NO_3^-$ 的去除都会以含氮气体的形式实现，出水中较低的含氮化合物浓度以及高通量测序结果都可以佐证这一说法。

N 单元中，由于有机碳和电子供体的缺失，仅仅实现了 $67.5\%$ 的平均 TN 去除率以及 $71.1\%$ 的平均 $NO_3^- - N$ 去除率，N 单元的条件不足以通过传统的异养反硝化实现更高的 N 去除效果。反观 W 单元中，TN 和 $NO_3^- - N$ 都实现了更高的去除效率（$>87\%$），除了充足的有机物（芦苇秸秆）供给带来的更强烈的异养反硝化外，还带来了其他类型反硝化（例如硫自养反硝化）的发生，二者共同造就了 W 单元更高的氮去除效率。

芦苇秸秆是一种可以回收利用于人工湿地系统的植物凋零物，在其降解过程中，所含纤维素能够水解发酵形成易于利用的植物碳源。本实验中，芦苇秸秆不仅是碳源的供给者，还能够为装置中的反硝化微生物提供更多的吸附点位。前述研究表明，硫酸盐还原菌（SRB）能够在硫酸盐废水浓度较高的人工湿地处理系统中大量存在，并实现硫酸盐的还原作用。本实验中，硫酸根主要来自于模拟废水自身（少量来自基质释放），在装置整体的厌氧/缺氧环境下，SRB 和其他异养微生物竞争有机物作为电子供体，实现硫酸根的还原。*Desulfobacter* 和 *Desulfobulbus* 是两类含有 SRB 的属，它们在 W 单元中有着较高丰度，这两类属的优势存在表明湿地系统中的芦苇秸秆能够促进硫酸根的还原作用。此外，*Dark sulfide oxidation* 这一微生物代谢功能的发现也与上述硫酸根的转化过程密切相关。

硫酸根还原会产生还原性的硫化物，当废水中存在硝酸盐和氧气时，这些生成的还原性硫化物将会通过微生物或化学过程重新氧化。前述研究发现，无论是厌氧/缺氧环境，还是好氧环境，硫氧化作用都能发生，但是化学硫氧化速率要比微生物硫氧化慢得多。如果湿地系统的废水中氧气含量较低，则硫氧化作用会主要在厌氧/缺氧条件下实现。本研究中，装置内的氧气浓度较低（$<0.8mg/L$）且含有较多 $NO_3^-$，这意味着之前产生的硫化物会在厌氧/缺氧下发生微生物氧化，并伴随着硝酸根的还原过程，这一耦合现象为湿地系统提供了氮去除的另一条可能路径。微生物分析结果显示，在 W 单元中发现了 *Sulfurimonas*、*Sulfuricurvum*、*Sulfurospirillum* 等硫氧化微生物（SOB）形成了优势，证实了硫化物再氧化在系统中的发生。这些 SOB 能够利用 $NO_3^-$ 氧化还原性硫，从而在凋零物添加的装置中将反硝化作用与硫氧化作用耦合（硫氧化反硝化），其在 $NO_3^-$ 的还原和硫的氧化过程中都扮演着重要角色。总之，植物凋零物（芦苇秸秆）的添加，因为其源源不断地碳源供给，极大地促进了进水硫酸根还原形成还原性硫化物，这种情况下，废

水中存在的 $NO_3^-$ 可以作为电子受体参与还原性硫化物的再氧化过程（硫氧化反硝化）。最终，这种基于进水硫酸根和芦苇秸秆碳源综合作用下发生的硫氧化反硝化，加之本就存在的异养反硝化，共同实现了湿地系统（W 单元）中高效的 TN 和 $NO_3^- - N$ 去除率（＞90％）。

另一个和氮去除相关的可能路径，*Anammox* 也在微生物代谢功能的预测中有所体现，其能够实现 $NH_4^+$ 和 $NO_3^-$ 的去除，但由于其丰度并不高，因此对装置整体的氮去除贡献应当也相对较小。两单元 Zone2 处种植的植物，在其根系样品中也发现了一定的反硝化微生物（*Saccharibacterua* genera incertae sedis，*Hydvogenophaga*，*Gemmobacter*）以及除磷微生物（*Pesudomonus*），但由于其总量过低，对于装置整体的氮磷去除影响有限。

此外，W 单元中还存在着相当强度的 *nitrite ammonification*，该微生物代谢功能可以将系统中由硝化或反硝化产生的 $NO_2^-$ 转化为 $NH_4^+$。由于本实验进水 $NH_4^+$ 浓度较低，氨氧化菌（AOB 和 AOA）以及硝氮氧化菌（NOB）在装置中很少发现，因此装置中的氨氧化过程可能大多由存在一定丰度的 *Nitrospira* 实现，之前也有研究报道称 *Nitrospira* 能够在低浓度的 $NH_4^+$ 环境中（例如尾水处理系统和饮用水处理系统中）大量存在。图 10-15 中展示了基于本文研究的添加植物凋零物（芦苇秸秆）的湿地系统中可能存在的各类 N 去除路径。

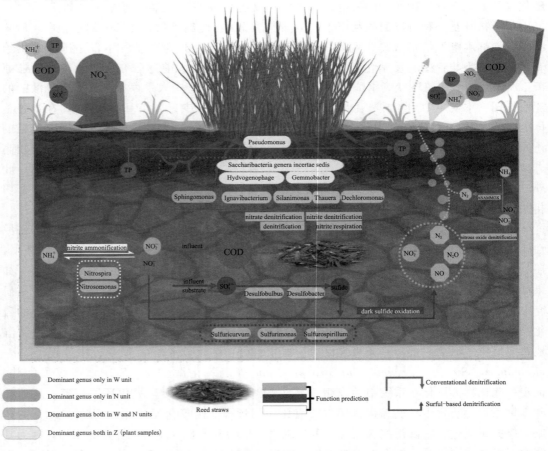

图 10-15　实验湿地系统中主要污染物转化途径和去除过程

本研究将植物凋零物（芦苇秸秆）与混合填料结合应用于人工湿地系统，构建了不同类型硝化和反硝化菌的共存环境，使得诸如厌氧反硝化微生物、厌氧氨氧化菌、全程硝化菌、硫氧化菌、硫还原菌等微生物以及各种相关的微生物代谢功能得以在系统中发生，这样的综合性系统也有效实现了更高水平的氮去除。

# 10.7　对污水处理厂废水处理的启示

本文利用芦苇秸秆作为缓释碳源和电子供体，构建起异养反硝化和自养反硝化共同存在的混合营养型反硝化系统，实现了人工湿地系统对污水处理厂尾水的高效脱氮。由植物凋零物（芦苇秸秆）释放的碳源，不仅能用于异养反硝化，还会对进水中的 $SO_4^{2-}$ 进行还原生成硫化物或硫单质等还原性硫。这些还原性硫可以进一步作为电子供体，实现硫自养反硝化在装置中的发生。这样一来，异养/自养反硝化便能够在装置（W 单元）中共同发生，实现协同反硝化。这种协同反硝化湿地系统，能够减少湿地对于外源碳和硫源的需求，降低建设和运营的成本，实现对低 C/N 废水的高效氮去除。尤其是将其应用于深度净化，能够协助污水处理厂实现更加深度的脱氮效果，从而使得出水的含氮污染物满足受纳水体环境容量，保护水生态环境。将这种填充植物凋零物的人工湿地系统应用于污水处理厂尾水的处理，将发挥城市污水深度净化和生态修复的双重功能。

# 10.8　本　章　小　结

本研究通过对装置处理效果、微生物群落丰度、微生物代谢功能预测等的综合分析，发现了植物凋零物释放的碳源和进水中的硫酸根能够协同作用，构建起异养、硫自养和混合营养反硝化共存的湿地系统，实现了人工湿地处理低 C/N 污水处理厂尾水时的高效脱氮。结果表明：

（1）通过将植物凋零物（芦苇秸秆）作为基质填充于人工湿地系统，能够构建起优越的缺氧/厌氧环境条件，促进反硝化微生物在系统中的富集。

（2）微生物群落多样性和丰度的结果显示，本实验构建的系统在植物凋零物（芦苇秸秆）的添加和进水硫酸根的共同作用下，实现了更加有利于氮去除的变化。

（3）异养反硝化和硫自养反硝化的协同发生是实现氮去除的重要途径。

（4）本实验的系统中依次发生了硫酸盐的还原和硫化物的再氧化，这一过程能够利用硝酸盐实现对硫的氧化，将反硝化和硫氧化进行耦合。

（5）本实验构建的填充植物凋零物的湿地系统，能够有效实现诸如污水处理厂尾水和市政三级废水这类低 C/N 废水的高效脱氮。

# 第 11 章　植物碳源与单质硫驱动下人工湿地反硝化系统的脱氮效能

上一章通过向人工湿地系统中填充植物凋零物（芦苇秸秆）作为碳源，一定程度上解决了低 C/N 废水处理时的碳源不足问题。并且，发现碳源的添加不仅能够促进异养反硝化的发生，还可以通过与进水中的硫酸根耦合，促进硫氧化反硝化的发生，从而在湿地装置中构建起混合营养的反硝化系统，带来更加稳定高效的脱氮效果。

本章拟在垂直潜流人工湿地基质层中添加植物缓释碳源与无机电子供体（单质硫），在尾水人工湿地处理系统内构建出混合营养反硝化脱氮系统，研究其脱氮效能和氮的代谢路径。从污染物处理效果、微生物群落分析以及温室气体排放特征等角度对比分析混合营养反硝化与异养反硝化和硫自养反硝化脱氮体系之间的优劣。

## 11.1　材　料　与　方　法

### 11.1.1　人工湿地实验装置

实验用装置为 6 台采用有机玻璃制成的无植物的垂直潜流人工湿地试验柱，装置整体高 1000mm（900mm 反应区，100mm 底座），内径 200mm，有效容积 28.26L。左侧距装置底部 55mm 和 485mm 处各设置一开口，加装阀门分别作为装置的进、出水口。装置底部中心设置一放空口。右侧距装置底部 55mm、255mm、455mm 处各开一直径为 100mm 可密封的取样孔，用以取出不同高度的基质进行相关分析。距装置顶部 150mm 处设置一内径 4mm 的可密封小孔，用于取气体样品进行分析。装置整体情况如图 11-1 所示。

本实验共设置 6 组平行装置（编号 CW0～CW5），其在基质的填充方式上有所不同，分别用以构建不同类型的尾水人工湿地脱氮系统。其中，CW0 为仅填充石英砂的对照组；CW1 为填充了石英砂和芦苇秸秆且进水硫酸根已脱除的异养反硝化组；CW2 为填充了石英砂和芦苇秸秆且进水无特别改变的以异养反硝化为主的混合营养反硝化组；CW3 为填充了石英砂、芦苇秸秆和单质硫的混合营养反硝化组；CW4 为填充了单质硫和石英砂的硫氧化反硝化组；CW5 为填充了石英砂、单质硫和石灰石（中和酸度）的平衡型硫氧化反硝化组。

各试验柱从底部向上基质层的填充高度为 710mm。其中，基质层的下部填充 210mm 高的石英砂，中间 200mm 高度填充不同类型的电子供体基质（CW0 为石英砂，CW1、CW2 为芦苇秸秆，CW3 为芦苇秸秆和单质硫混合基质，CW4 为单质硫，CW5 为单质硫与石灰石混合基质），上部填充 300mm 高的石英砂，进出水口及底部放空口附近填充少

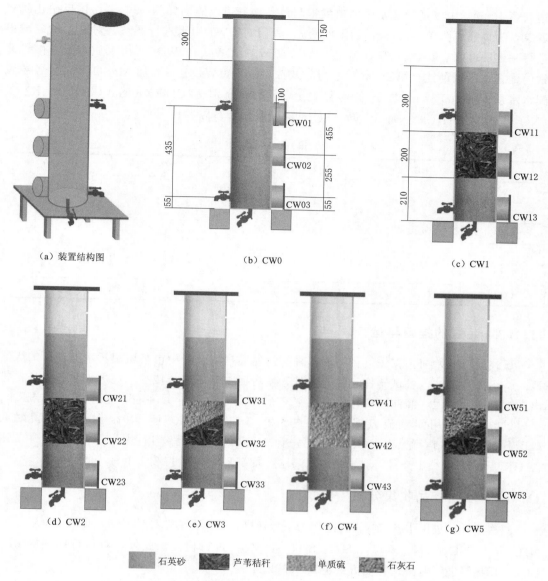

（a）装置结构图　　　　　（b）CW0　　　　　（c）CW1

（d）CW2　　　　（e）CW3　　　　（f）CW4　　　　（g）CW5

石英砂　　　芦苇秸秆　　　单质硫　　　石灰石

图 11-1　装置结构图和填充状况（尺寸单位：mm）

量大粒径卵石，具体填充状况如图 11-1 所示。试验柱顶部剩余高度约 300mm，用于存储气体样品，进行尾水型人工湿地处理系统温室气体排放的研究。

　　石英砂、芦苇秸秆以及少量运用到的大粒径卵石均与前述章节（第 10 章）所使用的基质材料一致（芦苇秸秆的预处理过程也一致）。单质硫为片状高纯度硫磺（98.5％以上单质硫含量），石灰石为 5～10mm 粒径的天然石灰石颗粒。

## 11.1.2　实验用水

　　基于污水处理厂二级出水的水质配制实验用水，以低 C/N 为其主要特点。结合前述（第 10 章）中发现的进水中的硫酸根与芦苇秸秆可以驱动异养-硫自养协同反硝化脱氮现象，为构建更为单一的异养反硝化系统，专门对 CW1 用水进行调整，对其中的硫酸根进行一定的去除。其余装置（CW0、CW2、CW3、CW4、CW5）所用水质一致。微量元素的配置也沿用前述（第 10 章）中药品及浓度（除 CW1 中不添加 $MgSO_4$ 外）。各装置配水水质见表 11-1。配置各污染物所用药品分别为 $CH_3COONa$（COD）、$KNO_3$（$NO_3^- - N$）、$NH_4Cl$（$NH_4^+ - N$），$SO_4^{2-}$ 为配水中本身固有。

表 11-1　　　　　　　　　　　　　模 拟 废 水 水 质

| 装置 | COD/(mg/L) | $NO_3^- - N$/(mg/L) | $NH_4^+ - N$/(mg/L) | $SO_4^{2-}$/(mg/L) |
|---|---|---|---|---|
| CW0 | | | | |
| CW2 | | | | |
| CW3 | $19.96\pm3.31$ | $16.53\pm1.87$ | $1.21\pm0.28$ | $68.00\pm11.24$ |
| CW4 | | | | |
| CW5 | | | | |
| CW1 | $18.73\pm4.16$ | $14.95\pm1.44$ | $1.19\pm0.32$ | $3.40\pm3.35$ |

### 11.1.3　装置的挂膜与运行

正式运行开始前，首先进行污泥接种，污泥同样取自晋中市某城镇污水处理厂的厌氧池。将污泥分别注入各试验柱，静置几日，使污泥与基质充分接触，促进生物膜生长；排出未被截留的污泥，灌注新的污泥，反复 2～3 次，持续 1 个月左右，完成接种与挂膜。

试验装置采用间歇流方式运行，进出水方向为下进、上出，根据水力停留时间（HRT）的不同，运行分为三个阶段：第一阶段 HRT=2d，持续 1 个月，取样 5 次；第二阶段 HRT=3d，持续 1 个月，取样 4 次；第三阶段 HRT=4d，持续 1 个月，取样 4 次。

### 11.1.4　水质样品收集分析

每次取样，进出水各取 3 组样品作为平行样进行检测。对水样的 COD、TN、$NO_3^- - N$、$NH_4^+ - N$、$NO_2^- - N$、$SO_4^{2-}$、$S^{2-}$、$S_2O_3^{2-}$、$SO_3^{2-}$ 进行检测。此外，对运行期间的 pH、DO、ORP 等进行监测。检测方式见表 11-2。

表 11-2　　　　　　　　　　　　水 质 指 标 测 试 方 法

| 指标名称 | 测试方法/仪器 |
|---|---|
| COD | 快速消解分光光度法（HJ/T 399—2007） |
| TN | 碱性过硫酸钾消解紫外分光光度法（HJ 636—2012） |
| $NO_3^- - N$ | 紫外分光光度法（HJ/T 346—2007） |
| $NH_4^+ - N$ | 纳氏试剂分光光度法（HJ 535—2009） |
| $NO_2^- - N$ | 分光光度法（GB 7493—87） |
| $SO_4^{2-}$、$S_2O_3^{2-}$、$SO_3^{2-}$ | 离子色谱仪（阴离子）DIONEX ICS90 |
| $S^{2-}$ | 亚甲基蓝分光光度法（HJ 1226—2021） |

续表

| 指标名称 | 测试方法/仪器 |
|---|---|
| pH | pH 测定仪 FE28 - CN |
| DO | DO 测定仪 JPBJ - 608 |
| ORP | ORP 测定仪 ORP - 1 |

### 11.1.5　气体样品收集分析

每次更换水样当天，于 9：00—11：00 进行气体样品的收集，从各装置上部侧面小孔，利用注射器对样品进行收集，分别命名 CW0～CW5。使用气相色谱仪（SP3420A）对样品所含 $N_2O$ 进行检测，对不同阶段下各装置的排放通量（$F$）进行计算：

$$F = \frac{C(V_1 + V_2) \times \frac{28}{44}}{tS}$$

（11-1）

式中：$F$ 为排放通量，$mg/(m^2 \cdot h)$；$C$ 为 $N_2O$ 浓度，$mg/L$；$V_1$ 为腔室体积，L，此处为装置上部未填充基质的容积，$V_1 = 9.42L$；$V_2$ 为取样体积，L，$V_2 = 0.02L$；28/44 为 $N_2O$ 中 N 的相对原子质量占比；$t$ 为装置密闭时间，根据各阶段不同 HRT 而确定；$S$ 为装置截面积，$m^2$，$S = 3.14 \times 10^{-4} m^2$。

### 11.1.6　基质样品分析

在实验第三阶段运行结束后，将各装置内水量由放空口全部排除，打开装置右侧密封的取样口，从中取出一定量的基质，每个装置有上、中、下 3 个取样口，分别编号为 1、2、3，不同装置中的样品分别命名为 CWX1、CWX2、CWX3（X=0，1，2，3，4，5），各取样点及对应名称如图 11-1 所示。以上所有样品收集后，依次进行 PCR 扩增、高通量测序以及微生物基因功能预测，对所得结果进行微生物群落分析。

### 11.1.7　数据处理与分析

使用各平行样的平均值进行去除率的计算。利用 IBM SPSS Statistics 26 软件进行统计学分析，运用 T 检验进行两两样品间显著性分析，运用单因素/多因素方差分析进行多样品显著性分析，当 $P < 0.05$ 时视为具有显著性差异。高通量测序结果首先进行质量控制，而后利用 Shannon 指数和 Simpson 指数等作为分析 alpha 多样性的主要参数。接着对样品进行分类学检测，通过柱状图展示各样品的微生物群落分类学信息。利用 R 语言计算 Bray - Curtis 距离，进行 PLS - DA 分析从而得到 Beta 多样性结果。微生物基因功能预测结果利用 KEGG 数据库进行参照而得到。

## 11.2　不同电子供体下氮的去除效果

### 11.2.1　$NO_3^- - N$

$NO_3^- - N$ 是城镇污水处理厂尾水中最主要的氮素污染物，尾水资源化利用的主要难

点便在于 $NO_3^- - N$ 的深度去除。因此，本实验研究的主要目的是利用添加不同种类电子供体的上流式垂直潜流人工湿地处理系统强化模拟尾水中 $NO_3^- - N$ 的去除，其作为主要污染指标的去除效果如图 11-2 所示。

在整个运行过程中，各装置之间 $NO_3^- - N$ 的去除率存在显著性差异（$P < 0.01$）。除

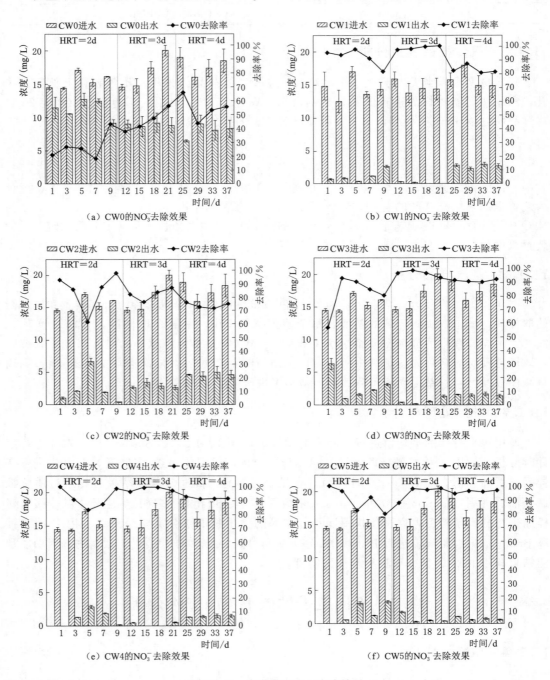

图 11-2　各装置 $NO_3^-$ 去除效果

作为对照组的 CW0 平均去除率仅为 42.27% 外，其余装置对 $NO_3^- - N$ 的平均去除率分别达到了 91.30%（CW1），80.60%（CW2），89.09%（CW3），94.09%（CW4），93.46%（CW5）。鉴于人工湿地中 $NO_3^- - N$ 的去除主要依靠微生物介导的生物反硝化脱氮作用，在不同类型外加电子供体的驱动下，各装置的反硝化能力均得到强化，其 $NO_3^- - N$ 的去除效能均有明显的提升，促进了湿地处理系统对于低 C/N 比尾水的深度脱氮功能。其中，添加了芦苇秸秆和单质硫两种电子供体的 CW3 系统 $NO_3^- - N$ 的去除率相较于 CW2 明显提高，说明单质硫的添加一定程度上缓解了由于硫酸根消耗有机碳源而带来的影响，在该处理系统中构建起硫氧化和异养共存的混合营养型反硝化脱氮系统，强化了系统的脱氮效能。

单质硫作为无机电子供体，能够构建出硫氧化反硝化脱氮系统，可以有效提高人工湿地的脱氮效能。

HRT 是水处理系统运行时重要的控制参数，本研究对三种不同 HRT 下各装置的 $NO_3^- - N$ 处理效果进行监测。通常来讲，在一定范围内，随着 HRT 的延长，系统会因更充分的反应时间而获得更好的反硝化脱氮效果，$NO_3^- - N$ 的去除率应随之升高；此时，若进一步增大 HRT，$NO_3^- - N$ 的去除率可能会有所下降。

在 HRT = 2d 时，各装置的 $NO_3^- - N$ 去除率都呈现出一定的波动。可能是由于系统启动伊始，微生物需要一个适应环境的过程，但整体上平均去除率均维持在 80% 以上。其中，CW1（91.86%）、CW4（92.23%）、CW5（90.03%）的平均去除率较为接近，明显高于 CW2（84.83%）和 CW3（81.27%）。这可能说明单一电子供体驱动的 CW1、CW4、CW5 在较短的 HRT 下 $NO_3^- - N$ 的平均去除率要高于复合电子供体驱动的 CW3 以及受到进水硫酸根影响的 CW2。

在 HRT = 3d 时，除 CW2 之外，其他各系统 $NO_3^- - N$ 去除率都有了显著提高，而 CW2（82.20%）则出现小幅度的下降。但各系统 $NO_3^- - N$ 去除率的稳定性都有所上升，没有出现明显的波动情况。而且，在这一 HRT 下，CW1（99.10%）、CW3（96.67%）、CW4（98.54%）、CW5（95.34%）$NO_3^- - N$ 平均去除率均达到了最大值。可见，对于异养为主、自养为主或异养-自养耦合协同的反硝化脱氮系统，HRT = 3d 均是较为合理的运行条件。

将 HRT 进一步延长，在 HRT = 4d 时，各系统 $NO_3^- - N$ 的去除率没有进一步上升，反而是普遍呈现出不同程度的下降。其中，CW1 的去除率下降较为明显；对于 CW2 而言，$NO_3^-$ 和 $SO_4^{2-}$ 共同消耗着有机碳源，同时较高浓度的 $SO_4^{2-}$ 对有机物降解可能存在着抑制作用，这使得用于反硝化的碳源比例可能出现降低现象，反硝化脱氮效能不佳，导致 $NO_3^- - N$ 去除率下降。

在该 HRT 条件下，CW3 系统的 $NO_3^- - N$ 去除率出现了小幅度的下降。究其原因，因 CW3 系统中同时含有两种类型的电子供体，碳源的不足在一定程度上可能削弱了异养反硝化作用，但其所含的无机电子供体（单质硫）可以通过维持自养反硝化功能从而维持整体的反硝化效果，使其没有像 CW1 和 CW2 那样呈现出较大幅度的去除率下降现象。同时，由于其由两类反硝化作用共同驱动，将产酸的硫氧化反硝化与产碱的异养反硝化相结合，使得 pH 能够保持在相对稳定且适宜的值（7.13±0.09），这也使其面对 HRT 变化时的系统运行稳定性得到了提高。

　　总之，从 HRT 变化对各系统的影响则可以看出，对于反硝化为主的脱氮系统，并非越长的 HRT 越有利于反硝化的发生，选择适当的 HRT 既可以提升脱氮效果，又可以保更高的效率。就本实验的运行条件而言，HRT=3d 应是各装置较合理的脱氮停留时间。

　　TN 的去除率同样展示在图 11-3 中，其在不同装置中的去除率变化情况，以及面对

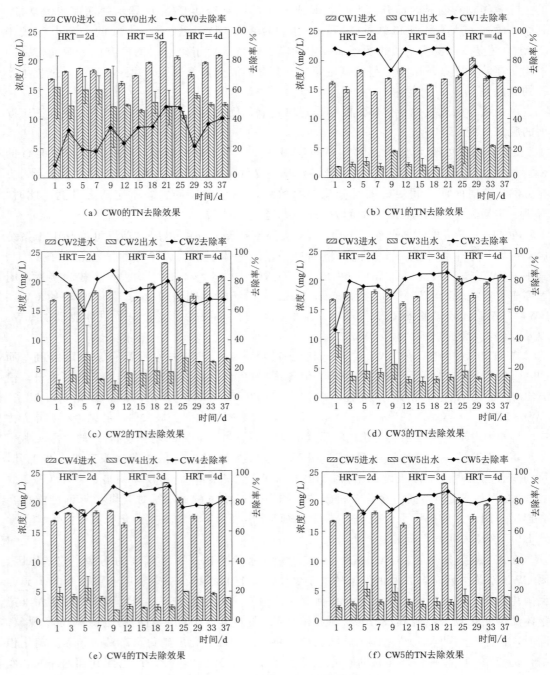

图 11-3　各装置 TN 去除效果

HRT 改变时相应的变化情况与 $NO_3^-$ 类似。这主要是因为本实验中各装置处理的废水，TN 的主要组成部分即为 $NO_3^- - N$。各装置的整体平均去除率分别为 CW0（30.58%）、CW1（80.73%）、CW2（73.63%）、CW3（77.09%）、CW4（80.65%）、CW5（81.36%）。尽管去除率的变化趋势与 $NO_3^- - N$ 较为接近，但在去除率的数值呈现上却要普遍低于 $NO_3^- - N$，这可能是因为 $NH_4^+$ 和 $NO_2^-$ 的积累，影响了 TN 的去除效果，使其整体上呈现出不如 $NO_3^- - N$ 的现象。

## 11.2.2　$NO_2^- - N$

$NO_2^- - N$ 作为硝化和反硝化过程的中间产物，其浓度的高低在一定程度上可以反映出系统反硝化作用进行的完整程度。从总体上看，各装置都有着不同程度的 $NO_2^- - N$ 积累（图 11-4）。不过相较于未添加碳源的对照组 CW0（1.48mg/L），其余各装置的 $NO_2^- - N$ 出水浓度都相对较低（CW1，0.51mg/L；CW2，0.22mg/L；CW3，0.23mg/L；CW4，0.22mg/L；CW5，0.27mg/L）。这一现象说明，不论是植物有机碳源（芦苇秸秆）还是无机电子供体（单质硫）的添加均能够有效地促进处理系统中反硝化作用的彻底进行，从而减少 $NO_2^- - N$ 的积累。

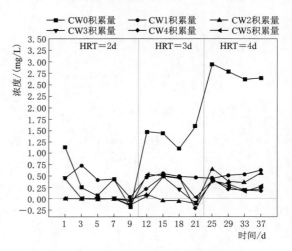

图 11-4　各装置 $NO_2^-$ 积累情况

从图 11-4 中可以看出，硫氧化反硝化存在的系统更有利于反硝化的彻底进行，其电子供体可能更倾向于在反硝化作用的各个步骤中均匀分配，而非单一地完成 $NO_3^- - N$ 至 $NO_2^- - N$ 的还原和转化。

在碳源不足的对照组处理系统（CW0）中，HRT 的持续延长不仅没能促进 $NO_2^- - N$ 的减少，反而使得其积累增多。主要原因可能是 HRT 的增加促进了反硝化菌对碳源的利用，$NO_3^- - N$ 去除率因此上升，但由于碳源不足，反硝化或许只能完成部分步骤，仅进行了部分 $NO_3^- - N$ 至 $NO_2^- - N$ 的转化，从而使得 $NO_2^- - N$ 不断积累。

CW2 系统相较 CW1，$NO_2^- - N$ 的积累无论在 HRT=2d 还是 3d 时都更少，或许是积累的还原性硫一同促进着反硝化的彻底进行，从而使得 $NO_2^- - N$ 积累减少。但当 HRT 继续增加至 4d 时，却出现了明显的 $NO_2^- - N$ 积累，结合其 $NO_3^- - N$ 去除率大幅度的下滑，很可能是进行反硝化的碳源大量被用于 $SO_4^{2-}$ 的还原，从而导致此时碳源逐渐不足以维持更彻底的反硝化，进而使得 $NO_2^- - N$ 积累显著增加。

## 11.2.3　$NH_4^+ - N$

$NH_4^+ - N$ 是污水中氮素污染物的主要形态之一。人工湿地对 $NH_4^+ - N$ 的去除主要依靠硝化作用实现，但本实验的主要处理对象并非 $NH_4^+$ - N，相反本实验构建起的反硝化为主的脱氮系统还会因创造出较低的 ORP（$-117\sim-2mV$）等条件抑制硝化作用的进行。因此，总的来看，各装置对于 $NH_4^+$ - N 的去除效果均较差（图 11 - 5）。其中，CW0（1.197mg/L）、CW1（1.203mg/L）、CW2（1.183mg/L）出水 $NH_4^+$ - N 平均浓度

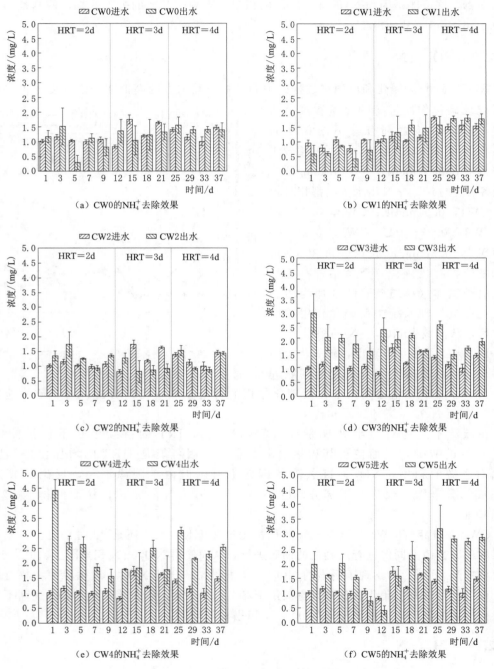

图 11 - 5　各装置 $NH_4^+$ 去除效果

较进水几乎没有差别，而 CW3（2.061mg/L）、CW4（2.394mg/L）、CW5（1.994mg/L）出水 $NH_4^+-N$ 平均浓度甚至明显高于进水。

此外，CW1、CW2、CW3 处理系统所使用的植物碳源的降解可能释放一定量的 $NH_4^+-N$，以及产生的过量 COD 还会促进 $NO_3^-$ 向 $NH_4^+$ 的转化（DNRA）；还有研究表明还原性硫的存在（CW3、CW4、CW5），也会促进 DNRA 的发生从而增加 $NH_4^+-N$ 的含量。在综上所述的一系列条件影响下，都使得本实验构建的几组人工湿地系统几乎没有 $NH_4^+-N$ 去除能力，甚至还会在一些处理阶段出现 $NH_4^+-N$ 积累的现象。

## 11.3　不同电子供体下 COD 的变化

为了模拟城镇污水厂尾水低 C/N 的水质特点，本研究并没有在进水中投加额外的产生 COD 的药品（乙酸钠、葡萄糖等）。因此，进水中所测得的 COD 主要来源于实验所用的配水中固有的有机物，此部分有机物浓度相对较低（20mg/L 左右），且大多为不易利用的难降解物质。而为了满足本实验的反硝化脱氮需求，在装置基质层内填充了能够提供电子供体的功能填料（芦苇秸秆、单质硫）。

总体上来看（图 11-6），添加了植物碳源（芦苇秸秆）的装置都有效释放出 COD，起到了为反硝化脱氮作用提供碳源的功能。其中，CW1、CW2、CW3 系统的 COD 平均出水浓度分别为 55.63mg/L、38.09mg/L、36.69mg/L，均高于进水 COD。而对于没有添加植物有机碳源但填充了无机电子供体的装置 CW4 与 CW5，其进出水 COD 变化和作为对照组的 CW0 较为接近，且出水 COD 总是略低于进水，出水平均浓度分别为 16.64mg/L（CW0）、17.35mg/L（CW4）、14.79mg/L（CW5），这部分的削减可能部分源于填料对有机物的吸附作用，也有部分则源自 $NO_3^-$ 反硝化的利用，而其出水有机物成分应当主要是不易被微生物利用的难降解物质，总体来说对 $NO_3^-$ 的去除贡献较小。

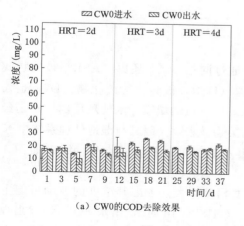

（a）CW0 的 COD 去除效果

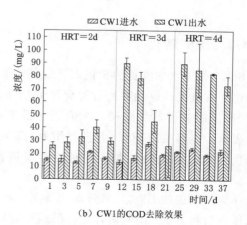

（b）CW1 的 COD 去除效果

图 11-6（一）　各装置 COD 去除效果

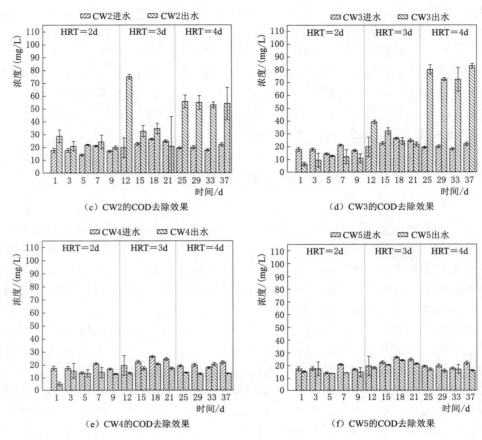

（c）CW2的COD去除效果

（d）CW3的COD去除效果

（e）CW4的COD去除效果

（f）CW5的COD去除效果

图 11 - 6（二）  各装置 COD 去除效果

## 11.4  不同电子供体添加下硫的转化对氮去除的影响

### 11.4.1  硫的转化

$SO_4^{2-}$ 是废水中常见的无机离子，其能够通过同化 $SO_4^{2-}$ 还原（ASR）被植物或微生物转化为有机硫，也能够通过异化硫酸盐还原（DSR）被转化为硫化物。DSR 是人工湿地中 $SO_4^{2-}$ 的主要转化路径，ASR 占比低于 0.3%。虽然城镇污水处理厂的尾水是经过处理的废水，但其中的 $SO_4^{2-}$ 并没有作为主要污染物被去除。因其与湿地处理系统中 N 的循环转化有着密切关联，本研究对各装置进出水的 $SO_4^{2-}$ 进行了监测，结果如图 11 - 7 所示。

作为对照组的 CW0，其进出水 $SO_4^{2-}$ 浓度相差不大，考虑其浓度的波动可能主要来自基质本身对 $SO_4^{2-}$ 的吸附作用。但运行后期（HRT＝4d 时），出水 $SO_4^{2-}$ 浓度出现了明显的增加，极有可能是由于 HRT 过长，导致基质吸附的 $SO_4^{2-}$ 发生了解吸作用。

对于其他几组装置（CW2、CW3、CW4、CW5），CW2 的 $SO_4^{2-}$ 进出水特点与其他

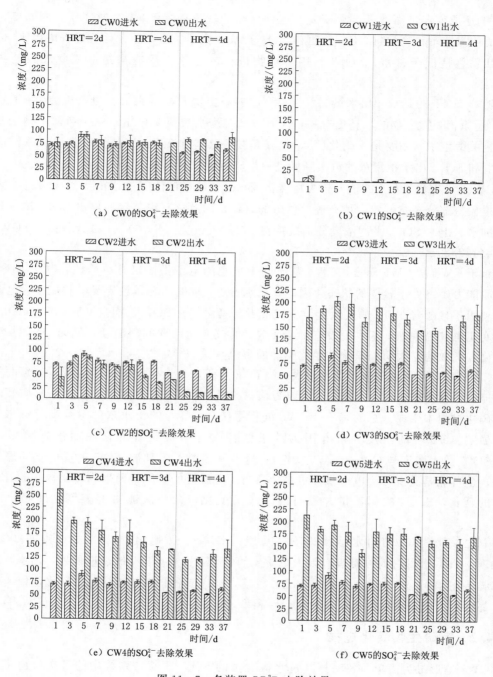

图 11-7　各装置 $SO_4^{2-}$ 去除效果

三组装置有明显的差异。整个运行过程中，这几组装置的进水 $SO_4^{2-}$ 的平均浓度约在 68.02mg/L，远高于进水 $NO_3^-$ 平均浓度（16.53mg/L），在这种情形下，若装置中填充着充足有效的有机碳源（芦苇秸秆），则 $SO_4^{2-}$ 的还原对于碳源的竞争能力会增强，很可能削弱 $NO_3^-$ 还原对于碳源的利用能力，从而使得 $SO_4^{2-}$ 得到大量还原而浓度减小，同时

$NO_3^-$ 的还原变弱进而处理效果变差。这种可能的现象在 CW2 中有所体现，因其电子供体主要依靠芦苇秸秆提供，$SO_4^{2-}$ 便和 $NO_3^-$ 形成了竞争关系，整个运行过程中出水 $SO_4^{2-}$ 浓度几乎总是低于进水，$SO_4^{2-}$ 利用有机物进行的还原作用应当是造成此现象的主要因素。

随着 HRT 的延长，出水 $SO_4^{2-}$ 的去除量进一步增大，可能是因为更长的 HRT 使得 $SO_4^{2-}$ 还原相关微生物的生长更有利，同时其抵抗进水负荷变化能力也应当强于硝酸盐还原的相关微生物（主要是反硝化菌），尤其是在 HRT 延长至 4d 时，$NO_3^-$ 去除率的断崖式下滑和 $SO_4^{2-}$ 出水积累量的再次降低进一步印证了以上观点。

CW3、CW4、CW5 的情况较为特殊，其 $SO_4^{2-}$ 的来源除了进水的天然携带外，还应当有很大一部分来自装置中填充的单质硫的氧化，因此这三组装置的出水 $SO_4^{2-}$ 浓度普遍高于进水。出水 $SO_4^{2-}$ 平均浓度分别维持在 171.09mg/L（CW3）、162.86mg/L（CW4）、CW5（172.29mg/L）。

对于 CW4 和 CW5 而言，CW4 基质层中填充的电子供体仅有单质硫，其对于 $SO_4^{2-}$ 的还原能力始终处于较弱的状态。因此，出水 $SO_4^{2-}$ 浓度的升高意味着单质硫作为电子供体被利用，且随着 $NO_3^-$ 的去除，单质硫被不断氧化生成 $SO_4^{2-}$。而且 CW4 出水 $SO_4^{2-}$ 浓度的变化也较为平稳，基本上没有随着 HRT 的改变而出现剧烈波动，同时稳定的 $NO_3^-$ 反硝化去除效能，表明硫氧化反硝化驱动的系统除氮的稳定性。

CW3 基质层中填充有有机电子供体（芦苇秸秆）和无机电子供体（单质硫）两类电子供体，装置中的 $SO_4^{2-}$ 一方面可能因为碳源的消耗而还原，另一方面又会在单质硫的氧化反硝化过程中生成。总的来看，CW3 处理系统的 $SO_4^{2-}$ 的出水浓度持续高于进水，且较为稳定。$SO_4^{2-}$ 的浓度并没有因为芦苇秸秆作为有机碳源的存在而出现更多的还原（$SO_4^{2-}$ 出水浓度与 CW4、CW5 接近），这说明碳源主要是被 $NO_3^-$ 的反硝化还原过程利用，也可能是碳源作为电子供体更多地参与了单质硫的还原从而生成硫化物。随着运行时间的延长，$SO_4^{2-}$ 的积累量并没有发生显著变化，又一次证明了硫氧化反硝化的稳定性。

总之，就 $SO_4^{2-}$ 的出水浓度来看，几组与硫氧化反硝化密切相关的装置（CW3、CW4、CW5）大部分时候都没有因为单质硫的氧化而造成 $SO_4^{2-}$ 的过量积累，出水浓度基本都维持在 250mg/L（GB 3838—2002）以下，加之其各自对于 $NO_3^-$ 的有效且稳定的去除，都证明了硫氧化反硝化脱氮的可行性和稳定性。

## 11.4.2　氮硫生物转化过程

CW1 情形最为简单，忽略掉其进水极少量的 $SO_4^{2-}$ 干扰，系统中的各类反应主要依靠植物碳源的驱动而发生。植物碳源主要由木质素和纤维素等组成，其中木质素通常因难以降解而不易被微生物利用，因此植物碳源主要由其所含纤维素和半纤维素供微生物作为碳源降解利用。人工湿地运行过程中，植物碳源中的纤维素会不断降解为葡萄糖、乳酸、乙酸等，最终可能通过微生物的呼吸作用转化为 $CH_4$（厌氧呼吸）或 $CO_2$（好氧呼吸）。同时，由于 $NO_3^-$ 的存在，大量微生物（异养反硝化微生物）会在利用有机物的同时以

$NO_3^-$ 为电子受体，实现反硝化脱氮。

在这些反硝化过程中，各类碳源形式都应当能通过反硝化被利用，而乙酸盐被认为是最佳的碳源利用形式，其反应式如式（11-2）所示。

此外，充足的碳源还会诱发异化硝酸盐还原为铵（DNRA）过程，即部分异养微生物利用有机物作为电子供体将 $NO_3^-$ 转化为 $NH_4^+$，使得 CW1 的出水 $NH_4^+$ 有时会产生一定的积累。最后，未被利用的 COD 将随出水排出系统。

大量研究表明，硫的转化，往往与氮的去除密切相关。因此，其余装置中 $SO_4^{2-}$ 或单质硫的存在，都会使得装置整体的脱氮过程有所不同。

CW2 在 CW1 的基础上引入了 $SO_4^{2-}$，因此其除了 CW1 中涉及的有关植物碳源的相关反应外，还会存在一系列与硫转换相关的过程。

在 CW2 中，硫酸盐还原菌（SRB）以有机物（植物碳源）作为电子供体，进行 $SO_4^{2-}$ 的还原。在这一过程中，$SO_4^{2-}$ 主要被还原为硫化物［式（11-3）］，并可能伴随着 $SO_3^{2-}$、单质硫等的产生。从 CW2 中各含硫化合物的出水浓度以及装置充足的 COD 可以看出，$SO_4^{2-}$ 应当主要被还原为硫化物，并最终沉积在装置内部基质上。

同时，这些含硫化合物还可以作为无机电子供体被硫氧化反硝化微生物利用，从而对 $NO_3^-$ 进行还原。尤其是沉积得到的硫化物可作为"电子储蓄池"，在有机电子供体不足时为微生物的反硝化作用提供电子。此外，硫化物或单质硫的存在还会促进 DNRA 过程的发生［式（11-4）、式（11-5）］。

在 CW2 的基础上，CW3 基质层中填充的单质硫可作为无机电子供体。除了上述 CW2 所涉及的反应之外，CW3 内部的相关反应还会因大量单质硫的存在而有所不同。一方面，会发生以单质硫为电子供体而 $NO_3^-$ 为电子受体进行的硫氧化反硝化［式（11-6）］；另一方面，由于 CW3 中还填充有可作为有机碳源的植物凋落物（芦苇秸秆），因此不可忽视的异养反硝化作用很可能和硫氧化反硝化发生耦合。亦即一个完整的反硝化作用过程中的各个步骤可能分别由不同类型的反硝化微生物共同完成。而单质硫除了在硫氧化反硝化微生物的介导下氧化为 $S_2O_3^{2-}$、$SO_3^{2-}$ 及 $SO_4^{2-}$（主要是 $SO_4^{2-}$）等外，还可能在硫还原微生物的作用下利用有机物将单质硫还原为硫化物。同样，这些还原得到的硫化物以及大量未利用完全的单质硫也可以沉积在基质表面作为"电子储蓄池"而存在。

CW4 和 CW5 情形相似，两组装置中的反硝化作用主要是由单质硫驱动且以其为电子供体进行的硫氧化反硝化为主要反应类型，同时伴随着 $S_2O_3^{2-}$、$SO_3^{2-}$ 及 $SO_4^{2-}$（主要是 $SO_4^{2-}$）等的产生。其次，应当是由单质硫驱动的 DNRA 过程［式（11-5）］，带来氨氮的积累和 $SO_4^{2-}$ 的进一步增加。在此过程中，未使用完全的单质硫则会大量沉积在基质表面。

各试验装置的进水不仅含有 $NH_4^+$，而且在各装置的运行过程中均可能伴随有 $NO_2^-$ 的积累，因此不排除厌氧氨氧化过程在各装置中的存在。但考虑到各装置出水氨氮浓度变化不甚明显，厌氧氨氧化作用发生强度应当相对较弱，不会对各装置的主要反应过程产生过多影响。

$$CH_3COOH + 8NO_3^- + 8H^+ \longrightarrow 4N_2 + 10CO_2 + 14H_2O \qquad (11-2)$$

$$CH_3COOH + SO_4^{2-} + 2H^+ \longrightarrow H_2S + 2CO_2 + 2H_2O \qquad (11-3)$$

$$4H_2S + NO_3^- + 2H^+ \longrightarrow 4S^0 + NH_4^+ + 3H_2O \tag{11-4}$$

$$4S^0 + 3NO_3^- + 7H_2O \longrightarrow 3NH_4^+ + 4SO_4^{2-} + 2H^+ \tag{11-5}$$

$$55S^0 + 50NO_3^- + 38H_2O + 20CO_2 + 4NH_4^+ \longrightarrow 4C_5H_7O_2N + 55SO_4^{2-} + 25N_2 + 64H^+ \tag{11-6}$$

## 11.5　不同电子供体下 $N_2O$ 的积累

$N_2O$ 是常见的温室气体之一，其温室效应是 $CO_2$ 的 300 倍左右，对全球气候环境的影响极大。人工湿地处理污水过程中，同样会产生大量温室气体，反硝化是 $N_2O$ 在人工湿地中产生的最主要途径。反硝化过程中，$NO_3^-$ 和 $NO_2^-$ 可用电子供体量是影响其 $N_2O$ 积累的重要因素。考虑到人工湿地处理低污染水时普遍存在的电子供体不足现象，本研究在装置中引入了不同类型的电子供体，分析比较其 $N_2O$ 的积累排放情况。

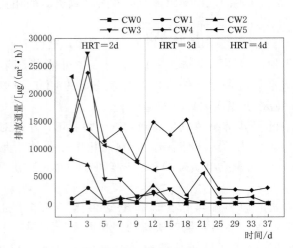

图 11-8　各装置 $N_2O$ 排放情况

各垂直潜流人工湿地处理系统 $N_2O$ 的积累排放情况如图 11-8 所示。各系统的 $N_2O$ 排放通量都会随着 HRT 的增加而减少，说明无论是对异养反硝化还是硫氧化反硝化，较长的 HRT 都更有利于反应更加彻底地进行。可能是因为较长的 HRT 下，与 $N_2O$ 还原直接相关的酶 nosZ 对于电子供体的竞争能力更强，因此 $N_2O$ 积累减少。

人工湿地各试验装置的 $N_2O$ 排放通量大小顺序为 CW4[9945.67 $\mu g/(m^2 \cdot h)$]＞CW5 [6659.18 $\mu g/(m^2 \cdot h)$]＞CW3[4278.57 $\mu g/(m^2 \cdot h)$]＞CW2[1571.41 $\mu g/(m^2 \cdot h)$]＞CW1 [695.98 $\mu g/(m^2 \cdot h)$]＞CW0[98.08 $\mu g/(m^2 \cdot h)$]。总的来看，凡是有单质硫参与的系统（CW3、CW4、CW5）$N_2O$ 排放通量都高于未添加单质硫的系统（CW0、CW1、CW2）。其中，作为对照组的 CW0，由于碳源不足而几乎未进行反硝化过程，其 $N_2O$ 排放通量较小。

CW2 中添加了植物碳源（芦苇秸秆）作为电子供体后，可驱动并构建起以异养反硝化为主的人工湿地尾水处理系统，该系统的 $N_2O$ 排放通量要显著低于硫氧化反硝化参与较多的系统（$P < 0.05$）。但是，从 $NO_3^-$ 去除效果上来看，添加单质硫的系统却比仅添加了植物碳源的系统处理效果要好。可能的原因是因为 $N_2O$ 的还原步骤在含单质硫的系统中，进行速率要比添加芦苇秸秆的系统中慢，从而造成了更多的 $N_2O$ 积累。此外，CW2 中由于同时有 $SO_4^{2-}$ 参与反应，使得其 $N_2O$ 排放通量大于 CW1。结合其余涉及硫循环的系统同样有着很高的 $N_2O$ 排放通量，可能是因为硫循环过程中产生的各类含硫化合

物（$SO_3^{2-}$、$S_2O_3^{2-}$、硫化物等）部分含有一定的毒性，从而降低了反硝化微生物的活性，从而导致 $N_2O$ 发生积累。

对于硫氧化反硝化参与较多的系统（CW3、CW4、CW5）而言，$N_2O$ 排放通量普遍较高，这可能成为其进一步推广应用的阻碍之一。CW4 中极高的 $N_2O$ 排放通量，很可能是因为硫氧化反硝化的过度产酸，造成 pH 的降低，抑制了 nosZ 酶发挥作用，进而造成了 $N_2O$ 高的排放通量。即使 CW4 能够一直保持着极高的硝态氮去除率，但其过度排放的 $N_2O$ 同样会对环境造成不小的影响。反观添加了石灰石的 CW5，以及构建起混合营养型反硝化系统的 CW3（异养反硝化产碱＋硫氧化反硝化产酸），都能有效地对 pH 进行中和，从而减少对 nosZ 酶的抑制作用。CW3 处理系统在保证高效脱氮的同时，维持了较低的 $N_2O$ 排放通量。此现象说明，相较于单一的硫氧化反硝化系统，混合营养型的反硝化系统似乎更有利于 $N_2O$ 的减排。其可能的原因是两类反硝化脱氮的协同作用改善了反硝化过程中不同步骤之间反应速率差距过大而造成的中间产物积累现象，在一定程度上平衡了电子供体由于竞争而分配不均的问题。

将 HRT 从 3d 调整至 4d 时，各装置的 $N_2O$ 平均减排通量分别为 CW1 [492.97 $\mu g/(m^2 \cdot h)$]、CW2 [825.56$\mu g/(m^2 \cdot h)$]、CW3 [1240.60$\mu g/(m^2 \cdot h)$]、CW4 [9790.79 $\mu g/(m^2 \cdot h)$]、CW5 [4052.39$\mu g/(m^2 \cdot h)$]；而将 HRT 从 2d 延长至 3d 时，各装置的氧化亚氮平均减排通量分别为 CW1 [587.73$\mu g/(m^2 \cdot h)$]、CW2 [2522.39$\mu g/(m^2 \cdot h)$]、CW3 [8833.65$\mu g/(m^2 \cdot h)$]、CW4 [1506.12$\mu g/(m^2 \cdot h)$]、CW5 [7945.87$\mu g/(m^2 \cdot h)$]。尽管 HRT 的延长对于 $N_2O$ 的减排有一定好处，但随着 HRT 进一步的延长，各装置 $N_2O$ 排放通量的减少效果（除 CW4 外）都呈现下降趋势。并且，多个装置（CW1、CW2、CW3）的 $NO_3^-$ 去除率甚至还由于 HRT 的延长产生了显著下滑。因此，将 HRT 进一步延长所获得的收益并不明显，合适的 HRT 可能仍需进一步探索，而本实验中将 HRT 维持在 3d 较为合理。

# 11.6 微生物群落分析

为了进一步探究不同类型电子供体对于人工湿地中脱氮微生物的影响，同时进一步验证上述所讨论的关于各装置中不同反应机理的推测，对各装置中的基质采样进行了微生物多样性、群落结构及功能基因预测等方面的分析。

## 11.6.1 微生物多样性

在微生物群落 alpha 多样性方面，对各装置的 Coverage、Shannon、Simpson、Sobs、Chao、Ace 指数分别进行了计算，结果见表 11-3。从表中可以看出，各样本的 Coverage 指数都在 0.98 以上，说明检测结果十分可靠，对样本实现了较高的覆盖率。

表征微生物多样性的各项指数均表明，CW4 中微生物的多样性为各试验装置中最低，甚至低于碳源长期不足的对照组（CW0），而 CW4 的脱氮效率却一直保持在较高水平。究其原因，一方面，是单一的电子供体（单质硫）可能对微生物的种类起到了选择性作用，

表 11 - 3　　　　　　　　　　　　　　　　样本 alpha 多样性指数

| 样品名称 | Ace | Chao | Soverage | Shannon |
|---|---|---|---|---|
| CW01 | 1733.114769 | 1758.473404 | 0.989014 | 5.878887 |
| CW02 | 1772.015322 | 1793.639344 | 0.987585 | 5.746153 |
| CW03 | 1794.847946 | 1814.697436 | 0.987077 | 5.500603 |
| CW0 | 1766.659346 | 1788.936728 | 0.987892 | 5.708548 |
| CW11 | 1842.741003 | 1835.029268 | 0.986855 | 5.595166 |
| CW12 | 1966.963700 | 1956.933333 | 0.986633 | 5.719906 |
| CW13 | 2026.403124 | 2038.796296 | 0.984982 | 5.780606 |
| CW1 | 1945.369276 | 1943.586299 | 0.986157 | 5.698559 |
| CW21 | 2083.156074 | 2011.188889 | 0.985807 | 6.068687 |
| CW22 | 2007.373953 | 1945.308642 | 0.985617 | 5.682033 |
| CW23 | 1958.544367 | 2051.687500 | 0.985299 | 5.640772 |
| CW2 | 2016.358131 | 2002.728344 | 0.985574 | 5.797164 |
| CW31 | 1823.833860 | 1811.450777 | 0.986569 | 5.544482 |
| CW32 | 1879.438276 | 1829.000000 | 0.986442 | 5.634313 |
| CW33 | 1516.090540 | 1497.329787 | 0.989713 | 5.266609 |
| CW3 | 1739.787559 | 1712.593521 | 0.987575 | 5.481801 |
| CW41 | 1588.357663 | 1576.757426 | 0.990919 | 5.643102 |
| CW42 | 1482.865759 | 1505.567568 | 0.989554 | 5.114633 |
| CW43 | 1364.978747 | 1354.194969 | 0.990506 | 4.891395 |
| CW4 | 1478.734056 | 1478.839988 | 0.990326 | 5.216377 |
| CW51 | 1883.307596 | 1812.925110 | 0.986220 | 5.547744 |
| CW52 | 1874.542313 | 1870.742424 | 0.986188 | 5.583965 |
| CW53 | 1599.547062 | 1549.148936 | 0.988284 | 5.202423 |
| CW5 | 1785.798990 | 1744.272157 | 0.986897 | 5.444711 |

使得能够利用单质硫的微生物更多地保留下来；另一方面，由于硫氧化反硝化所带来的 pH 的降低也使得大量微生物无法正常生长，最终导致 CW4 中微生物的多样性显著降低。但这种现象也使得其他种类微生物对于反硝化微生物的影响降低，从而使得反硝化效率得以保障。需注意的是，不断降低的 pH 依旧使得 CW4 的长期稳定运行存在隐患，最终不适的 pH 甚至可能影响到硫氧化反硝化微生物自身的正常生长。

CW2 的微生物多样性相较 CW1 略高，不过差距不大，主要是因为两组装置的主要电子供体均为植物碳源（芦苇秸秆），使得二者形成的环境相对接近，都是以异养反硝化脱氮为主的系统。而 CW2 中较高的原因则可能是因为其进水含有更多的无机离子（$SO_4^{2-}$ 等），这为其他类型的微生物生长提供了更加有利的条件，从而微生物多样性有所上升。

CW3 和 CW5 的微生物多样性较为接近，两装置的脱氮效果在大部分时候也相差不大。但 CW5 中只有一类电子供体（单质硫），理论上应当比不上电子供体种类更加丰富的 CW3，可其却未显示出与 CW3 明显的微生物多样性差距，很可能是因为其石灰石的添加，中和了硫氧化反硝化产生的大量酸度，从而削弱了由于 pH 降低所导致的对于各类微生物的限制作用，最终保证了更多样的微生物生长。

综合来看，硫氧化反硝化明显参与的人工湿地处理系统（CW3、CW4、CW5）的微生物多样性基本上都低于异养反硝化主导的系统（CW1、CW2），说明其内部微环境在单质硫的参与下可能变得更加苛刻。一方面，可能是因为单质硫本身作为电子供体就会对微生物产生一定的筛选作用；另一方面，则可能是硫氧化反硝化产生的酸度以及硫循环过程中生成的硫化物均对微生物的生长产生了抑制作用。

在微生物 Beta 多样性方面，利用 PLS－DA（Partial Least Squares Discriminant Analysis）方法在属水平上对各样本进行了分析，其结果如图 11－9 所示。

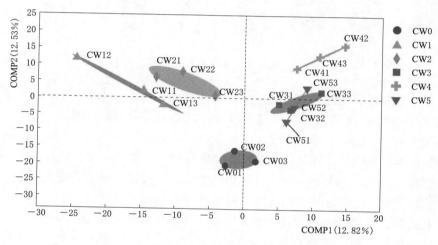

图 11－9　PLS－DA 结果

未填充电子供体基质的 CW0 与其他各组系统差异显著，说明不同种类电子供体的添加显著改变了各系统的微生物群落结构。CW1 与 CW2 各样本点较为接近（除 CW12 外）的情况则表明，两组装置在同类电子供体（芦苇秸秆）的驱动下，形成了类似的微生物群落结构，差距主要在 CW12 处可能是因为此处是芦苇秸秆基质填充的位置，水环境的不同（$SO_4^{2-}$ 等无机离子）对其降解和周围的微生物群落结构产生的影响也较为显著。

CW3、CW4、CW5 三组装置中均有无机电子供体（单质硫）的参与，因此其与 CW1、CW2 的微生物群落结构差距较为显著，再次体现了单质硫作为无机电子供体时对试验装置整体微环境的影响。而 CW4 相较 CW3、CW5 较为明显的差距，主要原因依旧应当来自 pH 的不同，硫氧化反硝化的产酸作用对于装置的微生物群落结构产生了明显的改变。

## 11.6.2　微生物群落结构

基于不同分类学水平对各处理系统的物种群落组成结构进行了分析，其结果如图 11－10 所示。

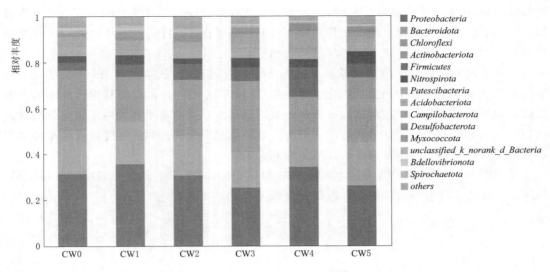

图 11-10 各样本门水平微生物群落相对丰度

在门水平上分析了各处理系统的微生物群落组成（图 11-10）。各系统中 *Proteobacteria* 都是相对丰度最高的门，其相对丰度占比均超过了 25%（CW0，31.51%；CW1，35.83%；CW2，30.85%；CW3，25.48%；CW4，34.48%；CW5，26.38%）。该门所包含的微生物多与氮循环、硫氧化、有机物降解等相关，鉴于本实验的各类人工湿地处理系统均以生物反硝化脱氮为目的，并且该类微生物能够较好地利用系统基质层中填充的两类电子供体，因此其在各装置中的优势是明显的，也是较为合理的。

对于系统碳、氮的循环均有着重要作用的两类微生物 *Bacteroidota* 和 *Chloroflexi* 在各处理系统中的相对丰度仅次于 *Proteobacteria* 的水平，这说明各处理系统均具备良好的氮循环条件。

除 CW0 外，*Desulfobacterota* 在各系统中的相对丰度均大于 1%。该门中往往含有能够实现脱硫功能的微生物，而湿地中碳、氮、硫循环之间往往有着密切的关系，因此该门微生物在各试验装置中都占据了一席之地，这与 CW2～CW4 的进出水硫酸根的变化相契合。

虽然本实验各处理系统并未刻意构建利于硝化反应进行的条件，但与硝化作用密切相关的 *Nitrospirota* 依旧在各系统中维持了不低的相对丰度水平（CW0，2.83%；CW1，4.03%；CW2，2.37%；CW3，4.03%；CW4，3.47%；CW5，5.31%）。这个现象表明，即使是以反硝化为作用主导的装置中，硝化作用依然对于氮的转化和循环有着重要影响。

在属水平上分析了各处理系统的微生物群落组成（图 11-11）。各人工湿地处理系统在不同类型电子供体的驱动下生长有较多与氮去除（尤其是反硝化）过程相关的微生物属。其中，*norank_f_Saprospiraceae*，*norank_f_Caldilineaceae*，*Thauera*，*Nitrospira* 等与氮去除相关的属占有优势（相对丰度＞1%），由上述微生物属介导的反硝化脱氮等作用居于主导。因此，各处理系统均具有良好的氮素污染物去除效果。

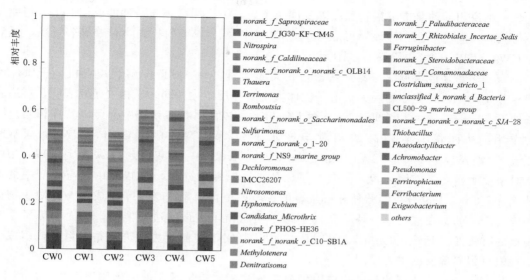

图 11-11    各样本属水平微生物群落相对丰度

其中，$norank\_f\_Saprospiraceae$ 是一类能够进行 $NO_3^-$ 还原的异养菌属，其在各系统中都有着相当高的相对丰度水平（CW0，6.60%；CW1，4.59%；CW2，3.79%；CW3，4.53%；CW4，2.57%；CW5，5.59%）。CW1 中为主（芦苇秸秆）的有机电子供体，因此，该菌属在装填有植物碳源的系统（CW2、CW3）中自然地占用优势，在碳源充足的条件下，驱动异养反硝化作用，从而增强了系统的脱氮效能，发挥出稳定的脱氮效果，对系统的脱氮效果有着重要影响，这一点也可以被各系统较高的 $NO_3^- - N$ 去除率所证明。同时，$norank\_f\_Saprospiraceae$ 具备可以进行部分反硝化的能力，也使得其所在的处理系统具有发生混合营养反硝化和厌氧氨氧化的潜力。需指出的是，系统内有机电子供体不足的 CW0、CW4 及 CW5，理论上应当无法满足 $norank\_f\_Saprospiraceae$ 的异养作用需求，但 $norank\_f\_Saprospiraceae$ 在其内部却依旧具有不低的相对丰度水平（CW0、CW5 中甚至更高），这可能表明该属能够执行多种代谢途径，且仅在进行反硝化时需要以有机物为电子供体。当碳源不足时，其可通过不同代谢路径实现自身生长繁殖，从而在各类微环境中仍能够保持较高的相对丰度水平。而 CW4 中最低的相对丰度则大概率是因为硫氧化反硝化造成的 pH 偏低现象，再次抑制了此类微生物的增殖。

同样，与氮去除相关的 $norank\_f\_Caldilineaceae$ 在各处理系统中亦有着相当高的相对丰度水平（CW0，3.52%；CW1，3.18%；CW2，4.03%；CW3，3.20%；CW4，1.85%；CW5，2.22%）。虽然该属对于氮的硝化或反硝化过程都有着一定的贡献，但从各装置极低的 $NH_4^+ - N$ 去除状况来看，此类微生物主要参与的应是各处理系统的反硝化过程。添加了植物碳源的 CW1、CW2、CW3 系统在 $norank\_f\_Caldilineaceae$ 介导下驱动异养反硝化过程实现氮的脱除，而且该属的相对丰度略高于 CW4（单质硫为主要电子供体），在该属微生物介导下驱动异养反硝化过程，存在差距不大且略高于 CW4 和 CW5 的相对丰度，这一现象可能说明此类属更倾向于以有机物作为电子供体驱动反硝化脱氮过程。而 $norank\_f\_Caldilineaceae$ 在长期缺乏碳源的 CW0、CW4 系统中依然和 CW5 占有优势，则说明即使是能够进行氮去除的同一类属，也会因微环境条件的改变，不参与或少参与氮的代谢循环。亦即该属可能对于 CW1、CW2、CW3 的氮去除有着显著贡献，但对于 CW4、CW5 的氮去除却贡献不大。

*Thauera* 是最常见的与氮去除密切相关的菌属之一。其既能够利用有机电子供体实现异养反硝化，又能够利用无机电子供体实现自养反硝化。同时，相关研究表明，在适宜条件下 *Thauera* 还可以实现 DNRA 过程。因此，该菌属在各系统中都可以发挥相当重要的作用，从而都有着较高的相对丰度水平（CW0，1.80%；CW1，3.81%；CW2，2.07%；CW3，2.05%；CW4，4.74%；CW5，1.31%）。CW1 及 *Thauera* 在 CW4 中的相对丰度明显高于其他装置，因其电子供体单一（单质硫），且 CW1 中没有硫酸根的额外干扰，CW4 中没有芦苇秸秆和石灰石的影响，使得该系统倾向于形成单一的微生物微环境，*Thauera* 在这类单一环境条件下似乎展示出了更强的适应能力，从而保障了系统脱氮的有效性。此外，*Thauera* 可能具有的实现 DNRA 的能力或许也是各系统或多或少出现氨氮积累现象的重要原因。

*Nitrospira* 是典型的与硝化作用相关的属，在本实验不利于硝化作用发生的环境下，依旧在各装置中有着较高的相对丰度水平（CW0，2.83%；CW1，4.03%；CW2，2.36%；CW3，4.03%；CW4，3.47%；CW5，5.30%）。但从各装置出水的 $NH_4^+$ 浓度几乎没有下降这一现象来看，*Nitrospira* 应当很难发挥出对 $NH_4^+ - N$ 氧化的作用。不过，各系统中的 $NO_3^-$ 以及较低的 DO 水平（>0.40mg/L）为其生长繁殖创造了一定的条件，这可能是其能够维持较高相对丰度的重要原因。而且，其较高水平的相对丰度应当能够高度参与氮循环的相关过程，对系统氮去除的稳定性有着重要影响。

*Sulfurimonas* 是常见的能够实现硫氧化反硝化的属，其在 CW3（3.71%）、CW4（6.82%）、CW5（1.16%）中形成优势也较为合理，能够保证单质硫在这些系统中的高效利用，实现高效的氮脱除效率。虽然 *Sulfurimonas* 在 CW4 中的相对丰度显著高于 CW5，但是二者在氮去除效率上却没有明显差距。这可能由于 CW4 中不利的环境条件（较低的 pH 等）一方面抑制了其他类型反硝化微生物的生长，另一方面甚至可能会抑制到硫氧化相关微生物的活性，使得其需要更高的丰度才能实现与 CW5 类似的脱氮效果。CW3 中 *Sulfurimonas* 的相对丰度低于 CW4，则主要可能是因为其多样的电子供体为系统的反硝化提供了更多路径选择。

对各系统中所有与脱氮相关属的相对丰度进行了加和计算：CW0，25.75%；31.17%，CW1；CW2，25.62%；CW3，25.13%；CW4，34.37%；23.54% CW5）。其中，CW4 中相关属的相对丰度总和最高（34.37%），且系统中能够进行硫氧化反硝化的微生物的占比较高。理论上，多种类的反硝化菌属能够形成比较稳定的反硝化系统，其较高的脱氮效率也证明了这一点。

CW3 中脱氮相关菌属的相对丰度合计达到了 25.13%，不仅没有明显高于其他组，而且还低于 CW1（31.17%）和 CW4（34.37%）。其优势在于同时拥有丰度相当的两类反硝化微生物（异养反硝化及硫氧化反硝化），这使得其在运行期间一直保持着较高的脱氮效率，并且在 HRT 变化过程中没有产生明显波动。在植物碳源（芦苇秸秆）和无机电子供体（单质硫）的共同作用下，相较于其他几组处理系统中较为单一的反硝化微生物种类，CW3 中能够利用两类电子供体的微生物占据优势，有利于混合营养型反硝化系统的形成。而且，在面对外界条件变化时，这样的处理系统往往更加稳定。

### 11.6.3 功能基因预测

为了进一步探究实验装置中的微生物氮硫转化功能，利用 PICRUSt2 对样本序列进行分析，参照 KEGG 数据库中氮硫代谢相关的部分基因，获得主要功能基因的相对丰度热图。

图 11-12 中是与氮转化酶相关的主要基因在各装置中的相对丰度。在各个人工湿地处理系统中，编码反硝化相关酶的基因的相对丰度明显要高于编码硝化作用相关酶的基因，并且前者发现的种类也更加繁多。常见的编码硝酸盐还原酶的 *narG*、*narH*、*narI* 等基因在各系统中的含量都较为接近，为进水中大量 $NO_3^- - N$ 的还原提供了条件。编码亚硝酸盐还原酶的 *nirK*、*nirS* 等基因可以有效减少 $NO_2^- - N$ 的积累。而编码亚硝酸盐还原为氨的 *nirB* 和 *nirD* 在各系统中亦有着相当水平的相对丰度，很可能造成了各装置中 $NH_4^+ - N$ 的积累，证明了异化硝酸盐还原为氨这一途径在装置中的存在。*norA*、*norB*、*norZ*、*nosZ* 等基因编码的相关酶能够实现水中氮素污染物向气态氮的转化，使得各系统实现最终的脱氮效果。需注意的是，即使是系统中电子供体不足的 CW0，其所含的各类氮转化相关酶基因丰度也没有明显低于其他装置，说明本实验装置的微环境是有利于氮转化（尤其是反硝化）相关微生物富集生长的。但是，不足的底物条件（电子供体）会使得这些微生物无法充分表达相关基因，达不到高效的脱氮作用。此外，CW4 中的氮转化酶相关基因的相对丰度虽然略高于其他几组装置，但其无论从脱氮效率还是温室气体排放情况上，都没有明显优于 CW3 及 CW5。此现象表明，即使其内部的微环境能够筛选富集出更高丰度的功能微生物，也无法保证这些微生物充分发挥其活性，展现出更高更完整的氮素去除能力。

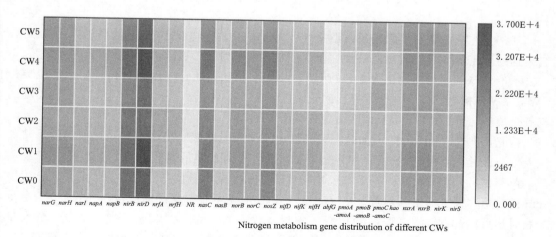

图 11-12　各样本氮转换相关基因丰度预测结果

图 11-13 中展示了与硫转化相关的基因相对丰度。从中可以看出，系统中的功能基因主要集中在硫氧化与硫还原两种类型。其中，编码硫氧化相关酶的基因（*cysNC*、

$cysN$、$cysD$、$cysH$、$cysJ$、$cysI$ 等）在各个系统中都有着相当水平的相对丰度。CW2 中虽然没有直接的硫电子供体，但其进水中的 $SO_4^{2-}$ 在被硫还原类微生物利用后，可以形成一系列含硫化合物，且此类含硫化合物又能够在这些硫氧化酶的作用下发生氧化，最终可能部分又会以 $SO_4^{2-}$ 的形式重新回到水中。除了上述由 $SO_4^{2-}$ 还原而产生的含硫电子供体外，CW3、CW4、CW5 装置中本身含有的单质硫则是硫氧化酶作用的良好底物，大量硫氧化反硝化微生物便因此获得电子，从而实现 $NO_3^- - N$ 的还原。编码硫还原酶的相关基因（$soxX$、$soxY$、$soxZ$、$soxA$、$TST$ 等）有着与硫氧化酶基因的类似情况。其除了在 $SO_4^{2-}$ 含量丰富的 CW2、CW3、CW4、CW5 中广泛存在，并用于实现硫转化过程中的相关过程外。

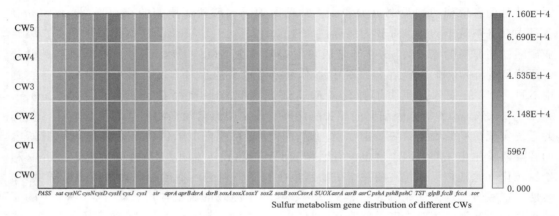

图 11-13　各样本硫转换相关基因丰度预测结果

## 11.7　实验装置脱氮效能综合评价

基于上述从污染物处理效果、温室气体排放以及微生物群落等方面的分析，可以对各组装置的脱氮综合效能做出比较和评价。

不论是与以异养反硝化为主导的 CW1、CW2 相比，还是与以硫氧化反硝化为主导的 CW4、CW5 相比，作为混合营养反硝化脱氮系统（芦苇秸秆驱动的异养和单质硫驱动的硫氧化反硝化）的 CW3 都有诸多方面的优势。

首先，在面对 HRT 的波动时，因添加单质硫而能够形成硫氧化反硝化作用的垂直潜流人工湿地处理系统（CW3、CW4、CW5）具有较为稳定的处理效果，而仅依靠植物碳源（芦苇秸秆）驱动的单一异养型反硝化系统显然不利于长期稳定地运行。此外，微生物介导的 $SO_4^{2-}$ 的还原往往会成为与 $NO_3^- - N$ 的还原竞争有机碳源的过程，并且 $SO_4^{2-}$ 含量较高时还可能抑制碳源的降解利用，造成除氮效果的下降（CW2）。同时，$SO_4^{2-}$ 的大量还原可能造成硫化物的过度积累，而硫化物的毒性则会影响反硝化微生物的生长繁殖。以单质硫作为电子供体在一定程度上可以解决碳源竞争的问题，提高脱氮效率，且硫氧化反硝化在面对 HRT 的波动时也更加稳定（CW4、CW5）。但此系统存在一定的缺点，即长期运行可能存在 $SO_4^{2-}$ 过度积累的现象。

另外，单纯的硫氧化反硝化系统无法保证反硝化更加彻底地进行（$N_2O$ 积累量较高）。并且，单质硫的溶解性较弱，随着时间推移可能出现无法有效利用的现象。此时，通过构建植物碳源（芦苇秸秆）与单质硫共存的 CW3 处理系统：$SO_4^{2-}$ 对碳源的消耗在一定程度上被削弱，从而使得碳源能够维持更长期更高效地利用，保证脱氮的进行；而且过量积累的硫化物也可以在硫氧化反硝化微生物的大量存在下被消耗，从而缓解硫化物积累带来的抑制作用。

再者，$SO_4^{2-}$ 在后期可能出现的过量积累现象也可以在植物碳源（芦苇秸秆）的作用下得到还原而减少；有机碳源的存在还有助于单质硫的还原，从而提高其溶解性，改善其运行后期可能出现的无法高效利用的现象。

其次，较低的氧化亚氮排放量以及 $NO_2^- - N$ 积累量则说明，此种混合营养系统能够实现较为彻底的反硝化，降低对环境的污染；

再次，合理的 pH 是生物反硝化系统高效运行的重要保障指标，过酸过碱都会影响反硝化效率。异养反硝化通常是产碱的，单质硫驱动的硫氧化反硝化则通常是产酸的，这就使得这两类系统单独存在时可能导致系统 pH 的不稳定（CW4 中尤为显著），长期运行下势必会影响到系统的脱氮效能。CW3 处理系统通过将两类反硝化结合，可以有效地改善 pH 的过度降低，而异养反硝化与硫氧化反硝化的结合则能够在实现 pH 稳定的同时降低对受纳水体水生态环境的不利影响，显然 CW3 的构建方式和运行策略更加合理。

然后，DO 和 ORP 也都是影响生物反硝化进行的重要指标，通常来讲较低的 DO 和 ORP 更加有利于反硝化脱氮系统的构建。但在实际系统的运行过程中，往往会因为进出水水质的波动造成 DO 和 ORP 的反复变化，这都可能成为影响脱氮效果的因素。而 CW3 这类混合营养的反硝化系统，则能够更好地抵抗 DO 和 ORP 的变化。当 DO 过高时，系统中的有机物可以通过自身降解而消耗 DO，这可能会削弱异养反硝化的效率，但却能够保障硫氧化反硝化的高效进行，最终维持住整体的脱氮效果。

最后，人工湿地系统的本质是属于生物膜处理工艺范畴，生物脱氮的主体是具有反硝化脱氮功能的微生物。因此，无论是单一的异养反硝化系统（CW1、CW2）还是单一的硫氧化反硝化系统（CW4、CW5）都存在着功能微生物种类相对单一或相对丰度水平构成不合理的现象。但这一情况却在 CW3 中有所不同，其所含的异养反硝化微生物和硫氧化反硝化微生物在相对丰度水平上较为接近，能够形成协作之势，改善了电子的传递、降低了能量的消耗、提高了微生物的活性，系统的运行也更加稳固。

综上所述，从系统脱氮效能、功能微生物群落和 $N_2O$ 排放通量等方面进行综合评价的结果来看，由外加电子供体（植物缓释碳源、无机硫源）共同驱动构建的混合营养反硝化系统（CW3）应当是尾水人工湿地强化脱氮效能及可持续发展的最佳选择。

# 11.8　本　章　小　结

利用单质硫与芦苇秸秆作为填料，从而建立起的混合营养反硝化系统具有如下优势：

（1）能够高效地实现硝态氮的脱除（89.09%）；且在适宜的 HRT（3d）下，硝态氮的脱除率高达 96.67%。

（2）在面对 HRT 的波动时，该系统能够维持相对稳定的处理效果，有着较强的抗冲击负荷能力。

（3）实现了更低的 $N_2O$ 排放和更少的亚硝态氮积累，促进了反硝化更加彻底地进行，减少了人工湿地系统有害副产物的产生。

（4）促进了反硝化微生物的生长，使得反硝化微生物的相对丰度更高，类型也更丰富，更加固了系统的稳定性。

总之，本研究所构建的混合营养反硝化系统能够将硫氧化反硝化以及异养反硝化的优点结合，相较于单一的反硝化系统，在维持稳定性的同时保证系统的脱氮效果，减少 $N_2O$ 的排放，实现了尾水型人工湿地的水气污染协同治理。面对实际废水的处理以及当前世界越来越严格的碳减排需求，此类混合营养型的反硝化系统具有良好的应用前景。

# 结　论　与　展　望

### 1. 主要结论

（1）外加碳源对生物炭基水平潜流人工湿地净化污水处理厂尾水的影响：尾水中的 TN 以 $NO_3^- - N$ 为主（占比 $86\% \sim 98\%$），因此 TN 与 $NO_3^- - N$ 去除率大致相同。外加碳源前，人工湿地的 COD 去除率为负，TN 和 $NO_3^- - N$ 去除率持续降低，而 CW-B 的碳、氮污染物去除率高于 CW-N，说明生物炭的添加有利于湿地内反硝化作用进行，显著提高了人工湿地对 TN 的去除率；而外加碳源后，CW-N 和 CW-B 的 COD 去除率分别增至 $37.88\% \sim 90.44\%$ 和 $73.60\% \sim 97.90\%$，TN 和 $NO_3^- - N$ 去除率也明显提高，表明外加碳源缓解了反硝化微生物的内源呼吸，促进了碳、氮污染物去除。生物炭的添加，为微生物提供了更多吸附位点，有利于微生物附着生长，提高了人工湿地微生物生物量；同时创造了有利于反硝化作用发生的氧化还原环境，使 CW-B 的 COD、TN 和 $NO_3^- - N$ 去除率分别提高 $5.66\% \sim 130.35\%$、$9.34\% \sim 54.03\%$ 和 $8.71\% \sim 63.04\%$。

（2）生物炭基水平潜流人工湿地影响实际污水厂尾水深度脱氮的微生物机制为：在水力停留时间为 2d 的情况下，杏仁壳生物炭在不同的 C/N 比下对 HSCW 中尾水的 COD、TN 和 $NO_3^- - N$ 的去除率分别提高了 $8.25\% \sim 62.65\%$、$44.98\% \sim 58.44\%$ 和 $50.81\% \sim 63.04\%$；添加杏仁壳生物炭在 HSCW 中起到了微生物选择器的作用，降低了微生物群落的多样性，但使优势属 *Thauera*、*Zoogloea*、*Terrimonas*、*Ignavibacterium* 和 *Azoarcus* 的相对丰度分别增加了 $8.03\%$、$0.39\%$、$2.22\%$、$1.24\%$ 和 $2.71\%$。除 *Terrimonas* 外，所有的优势微生物都属于 ADB，并能在微好氧条件下（DO 在 1mg/L 左右）进行反硝化作用。其基本机制是：杏仁壳生物炭加入 HSCW 后，创造了有利于好氧反硝化的微好氧条件，为优势微生物提供了合适的栖息地，并大大增加了 HSCW 基质上的生物膜数量。好氧反硝化是水平潜流人工湿地中脱氮的主要过程。

（3）植物发酵液作碳源对生物炭基人工湿地尾水深度脱氮及 $N_2O$ 排放的影响：随着热解温度升高，生物炭的产率、DOC 释放量、介孔平均孔径和总酸性官能团数量降低，pH、EC、比表面积和碱性官能团数量增大，半醌自由基含量先增加后减少。C/N=1.5 时，碳源不足限制了反硝化的进行；C/N 由 1.5 提高至 4.0，TN 和 $NO_3^- - N$ 去除率显著提高，且各处理的前 12h 的反硝化速率最快；C/N 由 4.0 提高至 8.0，TN 和 $NO_3^- - N$ 去除率提高不显著，而出水 COD 浓度升高，因此本研究中 4 为最佳 C/N，生物炭对人工湿地深度脱氮具有一定促进作用，且在低 C/N 时促进效果更明显。随碳氮比从 1.5 增至 8.0，人工湿地水中溶存 $N_2O$ 浓度和 $N_2O$ 累积排放量均降低。C/N 为 4.0 时，生物炭促进人工湿地 $N_2O$ 排放，而碳氮比为 8.0 时，生物炭抑制人工湿地 $N_2O$ 排放。添加植物发酵液对微生物群落多样性无明显影响，但优势反硝化菌属的相对丰度发生了变化。添加植物发酵液前后，生物炭均提高了微生物群落多样性，并促进了优势菌属富集。添加植物发酵液提高了氮循环关键功能基因 $nirK$、$narG$、$narH$、$napA$ 和 $nirS$ 的相对丰度；另外，生物炭的添加提高了 $Methylotenera$ 等反硝化菌属以及氮循环关键功能基因 $narG$ 和 $narH$ 的相对丰度。

（4）由于水平潜流人工湿地存在多种多样的设计构型，因此当考虑采用水平潜流人工湿地系统作为污水处理单元时，应当对其在不同设计条件下进行水力学特性的考察。结果表明通过折流板的添加能够创造更小的标准水流散度（0.07）和更高的 Pe 数（29.64），从而构建起更加接近理想推流状态的反应器，带来更好的污染物处理效果。

（5）作为植物凋落物的芦苇秸秆，将其填充入尾水人工湿地处理系统，既可以释放碳源驱动异养反硝化脱氮功能的形成，进而强化尾水的脱氮效果，又可以在系统内部构建出厌氧/缺氧环境，有利于缺氧反硝化微生物的富集生长。从微生物群落组成来看，芦苇秸秆的添加富集了更多种类的反硝化微生物，使得人工湿地成为更加稳定的脱氮系统。

（6）植物碳源能够和污水厂尾水中普遍存在的硫酸根共同作用，通过促进硫酸盐的还原和硫化物的再氧化，将反硝化和硫氧化进行耦合，实现异养反硝化和硫氧化反硝化的协同发生，从而构建起更加高效稳定的人工湿地脱氮系统。

（7）硫单质作为无机电子供体填充为人工湿地基质时，可以构建起有效的硫氧化反硝化系统，同样能实现尾水的脱氮净化需求（94.09%）。但其存在着温室气体排放通量较高 $[9945.67\mu g/(m^2 \cdot h)]$，系统内 pH 不稳定等不利因素，虽可以通过石灰石的添加有所改善，但仍可能造成水质硬度的提升等问题。

（8）将硫单质与芦苇秸秆共同填充入人工湿地系统，能够构建起混合营养反硝化系统，其相较于单一营养类型的反硝化系统，不仅能在不同 HRT 下维持住稳定的脱氮效果（89.09%），还减少了氧化亚氮的排放 $[4278.57\mu g/(m^2 \cdot h)]$，并有机地将硫氧化反硝化和异养反硝化的优点结合了起来，实现了污水处理过程中的水气协同治理。

（9）$H_2O_2$ 改性和 $NaBH_4$ 改性均显著提高稻壳生物炭的总酸性含氧官能团含量（分别提高 230.69% 和 164.22%），而显著降低总碱性含氧官能团含量（分别降低 65.70% 和 16.20%）。不同的是，$H_2O_2$ 改性增加了生物炭表面的羧基含量与 C=O 含量，而 $NaBH_4$ 改性增加了生物炭表面的内酯基和酚羟基含量（$P<0.05$）。

（10）与 DB+BC 处理相比，DB+BC-$H_2O_2$ 和 DB+BC-$NaBH_4$ 处理的反硝化速率（$N_2O+N_2$ 排放速率）峰值提前 12h 出现，且分别高 17.50% 和 6.32%。

（11）BC-$H_2O_2$ 抑制反硝化过程中 $N_2O$ 向 $N_2$ 还原，进而促进 $N_2O$ 排放，这可能与添加 BC-$H_2O_2$ 使培养体系的 pH、碳生物有效性降低以及 C=O 含量增加有关。

（12）添加生物炭能有效促进硫自养反硝化人工湿地尾水深度脱氮，同时降低副产物 $SO_4^{2-}$ 产生量。硫自养反硝化运行阶段时，综合对比各水力停留时间运行阶段出水 COD、TN、$NO_3^- - N$、$NO_2^- - N$、$NH_4^+ - N$ 及副产物 $SO_4^{2-}$、$S^{2-}$ 平均浓度，HRT＝4h 时运行效果最好，且 CW-B 各出水指标平均浓度均低于 CW-C，生物炭的添加对硫自养反硝化脱氮有明显的促进效果，达到尾水深度脱氮的目的。门水平和属水平的微生物群落分析表明，$Proteobacteria$，$Bacteroidota$ 和 $Chloroflexi$ 为硫自养反硝化的主要菌门，$Chlorobium$，$norank\_f\_PHOS-HE36$，$norank\_f\_Caldilineaceae$，$Geothrix$ 和 $Thiothrix$ 是硫自养反硝化的主要菌属。生物炭的添加增加了硫自养反硝化微生物相对丰度，对硫自养反硝化脱氮起到了促进作用。添加生物炭促进了参与硝酸盐及亚硝酸盐还原过程相关功能基因（$napA$、$napB$、$nirS$、$nosZ$、$narB$、$NR$ 和 $nasB$）丰度增加，降低了出水 TN 和 $NO_3^- - N$ 浓度；同时促进硫酸盐同化还原过程相关功能基因（$sat$、$cysH$ 和 $sir$）的表达，降低出水 $SO_4^{2-}$ 浓度。

（13）添加生物炭促进混合营养反硝化人工湿地尾水深度脱氮，降低出水副产物 $SO_4^{2-}$ 浓度。混合营养反硝化运行阶段，同时提高进水 C/N 及 $NO_3^- - N$ 浓度能有效实现混合营养反硝化，且 TN 与 $NO_3^- - N$ 的去除率也随着异养反硝化占比的增加而提高。CW-C 和 CW-B 实际出水 $SO_4^{2-}$ 浓度分别为 149.32～194.20mg/L 和 145.20～188.03mg/L，较硫自养反硝化阶段出水 $SO_4^{2-}$ 浓度均明显降低。CW-B 较 CW-C 总体呈现更好的 TN、$NO_3^- - N$ 去除效果且副产物浓度更低，生物炭的添加对人工湿地混合营养反硝化对尾水深度脱氮有明显的促进作用，同时降低出水副产物 $SO_4^{2-}$ 浓度。

（14）添加生物炭可以减少人工湿地温室气体 $N_2O$ 排放。混合营养反硝化阶段，CW-C 和 CW-B 的 $N_2O$ 排放通量分别为 147.28～1087.10$\mu g/(m^2 \cdot h)$ 和 133.43～191.78$\mu g/(m^2 \cdot h)$；$N_2O$ 排放因子分别为 0.008%～0.146% 和 0.008%～0.021%；nosZ/(nirK+nirS) 分别为 0.95 和 1.19，添加生物炭能有效抑制人工湿地 $N_2O$ 的排放。

（15）混合营养反硝化运行阶段，$Bacteroidota$，$Proteobacteria$ 和 $Chloroflexi$ 仍是 CW-C 和 CW-B 的优势菌门，$Chlorobium$，$Zoogloea$，$Acinetobacter$，Simplicispira 均为 CW-C 和 CW-B 的优势菌属，$Thauera$ 和 $unclassified\_f\_Chloroflexaceae$ 在 CW-B 内相对丰度更高，CW-B 较 CW-C 呈现更好的反硝化脱氮及有机物降解水平。CW-C 和 CW-B 硝酸盐还原过程相关功能基因（$narG$、$narH$、$narI$、$napA$、$napB$ 和 $nasC$）、$NO_3^- - N$ 还原为 $NO_2^- - N$ 过程相关功能基因（$nirK$ 和 $nirS$）、$NO_2^- - N$ 还原为 NO 过程相关功能基因（$norB$ 和 $norC$）及 $N_2O$ 还原为 $N_2$ 过程相关功能基因（$nosZ$）相对丰度均明显增加，促进反硝化作用；参与硫氧化过程功能基因（$sorA$、$soxA$、$soxX$、$soxY$、$soxZ$ 和 $soxC$）和硫酸盐同化还原过程相关功能基因（$cysN$、$cysD$、$cysH$、$cysJ$ 和 $cysI$）相对丰度也明显增加，发生更强烈的氮、硫循环。生物炭的添加促进以上功能基因相对丰度的增加，增强了参与反硝化过程及硫酸盐还原过程的微生物活性，降低出水 $NO_3^- - N$ 和 $SO_4^{2-}$ 浓度及 $N_2O$ 排放量。

2. 展望

（1）在水平潜流人工湿地的中间基质层添加了 30% 体积比的果壳生物炭，显著提高了人工湿地的 TN 去除率，外加碳源后，人工湿地系统的 TN 去除率进一步提高，但仍不能满足 GB 3838—2002《地表水环境质量标准》中的 V 类水质标准要求。

后续研究可在添加生物炭的基础上，联合曝气、与其他基质混合使用、与硫自养反硝化协同脱氮或改变人工湿地工艺等手段，以进一步提高人工湿地的 TN 去除率。

（2）不同热解温度制备的生物炭在其物理化学性质（pH、$EC$、DOC 释放、比表面积、平均孔径、微观形貌）尤其是氧化还原活性上（官能团种类和数量、半醌自由基含量等）均存在显著差异，因此生物炭对人工湿地中反硝化作用的影响机制是其多种物理化学性质的共同作用，而具体某一方面性能对反硝化的贡献率尚不清楚。此外，热解温度升高使生物炭强度降低易被基质挤压破碎，因此 bc800 和 bc500 在人工湿地运行过程中有一定的损耗，可能对实验结果造成影响。

后续研究可在此基础上，通过控制生物炭的制备条件和对其进行改性（紫外辐射、酸碱、活化、淬灭等），深入研究生物炭的吸附性能、$EC$、比表面积、含氧官能团或半醌自由基等性质对反硝化过程中 TN 去除和 $N_2O$ 排放的具体影响。对于后续试验中生物炭的投加形式，可以通过粉碎后与海藻酸钠或聚乙烯醇等按比例混合制备成尺寸和质地均匀的生物炭固定化小球，以更好地控制变量，减少生物炭损耗或破碎对实验结果的影响。

（3）无论是利用植物缓释碳源和进水中的硫酸盐，还是通过植物碳源和单质硫共同驱动构建的混合营养反硝化脱氮系统，都能够达到人工湿地净化实际污水厂尾水的要求，构建的人工湿地混合营养反硝化脱氮系统应当是污水处理厂二级出水（尾水）净化或三级深度处理的重要发展方向。

（4）实际工程中，影响人工湿地水力学条件的因素很多，包括进出水口位置、布水方式、水力负荷、填料类型、植物的种植等，且实际运行过程中湿地的孔隙率，渗透系数等还会不断变化，但本次实验所涉及的影响因素相对较少，可以进一步增加变量进行研究。

（5）尽管折流板的添加有利于理想推流状态系统的构建，但是其可能带来死区的增加，而本实验只进行了单一的无机盐离子示踪实验，无法判断死区的具体存在位置，后续可以通过有色示踪剂，及进一步的数值模拟技术，完善装置的设计参数选择。

（6）无论是植物碳源还是单质硫，其蕴含的释放电子供体的潜力似乎都未在实验中完全发挥，且更加长期地运行带来的改变也需要进一步探索，因此后续研究可以进行时间跨度更长的实验，从而进一步论证两类电子供体的实际应用可行性。

（7）本实验构建出异养和硫氧化反硝化共存的混合营养型反硝化系统，但未对两种类型的反硝化贡献比进行进一步评估，且某类基质的填充过量可能导致额外的污染，因此研究两类反硝化的占比，以获得具体的基质填充策略应当是值得探索的重要方向。

（8）本研究所用废水皆为模拟污水处理厂尾水水质人工配置而成，后续可考虑直接使用实际污水处理厂尾水进行进一步研究。

# 参 考 文 献

［1］ 卢少勇，万正芬，康兴生，等.《人工湿地水质净化技术指南》编制思路与体系［J］. 环境工程技术学报，2021，11（5）：829－836.

［2］ 李峰平，魏红阳，马喆，等. 人工湿地植物的选择及植物净化污水作用研究进展［J］. 湿地科学，2017，15（6）：849－854.

［3］ 祝惠，阎百兴，王鑫壹. 我国人工湿地的研究与应用进展及未来发展建议［J］. 中国科学基金，2022，36（3）：391－397.

［4］ 成水平，王月圆，吴娟. 人工湿地研究现状与展望［J］. 湖泊科学，2019，31（6）：1489－1498.

［5］ 张德茗，吴浩. 高校和科研机构的 R&D 对 TFP 的溢出效应研究［J］. 科学学研究，2016，34（4）：548－557.

［6］ 林莉莉，鲁汭，龙忆年，等. MFC 处理人工湿地生物堵塞物及同步产电研究［J］. 环境科学研究，2020，33（6）：1504－1513.

［7］ 陈金梅，周巧红，吴振斌，等. 人工湿地植物的抗寒性研究进展［J］. 水生态学杂志，2021，42（6）：117－122.

［8］ 孔令为，贺锋，夏世斌，等. 钱塘江引水降氮示范工程的构建和运行研究［J］. 环境污染与防治，2014，36（11）：60－66.

［9］ 杨永兴. 国际湿地科学研究的主要特点、进展与展望［J］. 地理科学进展，2002（2）：111－120.

［10］ 夏汉平. 人工湿地处理污水的机理与效率［J］. 生态学杂志，2002（4）：52－59.

［11］ 唐炳然，蔡然，王瑞霖，等. 基于文献分析的我国人工湿地植物配置路线优化［J］. 环境工程技术学报，2022，12（3）：905－915.

［12］ 赵仲婧，郝庆菊，张尧钰，等. 铁碳微电解及沸石组合人工湿地的废水处理效果［J］. 环境科学，2021，42（6）：2875－2884.

［13］ 魏俊，赵梦飞，刘伟荣，等. 我国尾水型人工湿地发展现状［J］. 中国给水排水，2019，35（2）：29－33.

［14］ 姚美辰，段亮，张恒亮，等. 辽河保护区人工湿地微生物群落结构及分布规律［J］. 环境工程技术学报，2019，9（3）：233－238.

［15］ 黄畯楠，李青，张琼华，等. 高负荷复合式人工湿地对污水处理厂尾水低温期的净化效果［J］. 环境工程学报，2021，15（11）：3561－3571.

［16］ 祝薇，向雪琴，侯丽朋，等. 基于 Citespace 软件的生态风险知识图谱分析［J］. 生态学报，2018，38（12）：4504－4515.

［17］ 祝志超，缪恒锋，崔健，等. 组合人工湿地系统对污水处理厂二级出水的深度处理效果［J］. 环境科学研究，2018，31（12）：2028－2036.

［18］ 余俊霞，陈双荣，刘凌言，等. 复合人工湿地系统对低污染水总氮的净化效果及其微生物群落结构特征［J］. 环境工程，2022，40（1）：13－20.

［19］ 陈旭，张璐. 生物炭基质潮汐流人工湿地处理生活污水性能［J］. 生态环境学报，2019，28（7）：1443－1449.

［20］ 郭鹤方，甄志磊，赵林婷，等. 潮汐流-潜流人工湿地对城市污染水体中氮的去除［J］. 环境化学，2021，40（12）：3887－3897.

［21］ 王波，刘春梅，赵雪莲，等. 我国村镇生活污水处理技术发展方向展望［J］. 环境工程学报，

2020，14（9）：2318－2325.

[22] 齐冉，张灵，杨帆，等. 水力停留时间对潜流湿地净化效果影响及脱氮途径解析［J］. 环境科学，2021，42（9）：4296－4303.

[23] 江来，任树鹏，郭欣，等. 生物炭基人工湿地的水体净化作用及其机制［J］. 环境科学与技术，2021，44（8）：47－54.

[24] 马洁晨，杨郑州，陈建，等. 污泥生物炭强化人工湿地处理生活污水性能研究［J］. 生态与农村环境学报，2022：1－15.

[25] 陈鑫童，郝庆菊，熊艳芳，等. 铁矿石和生物炭添加对潜流人工湿地污水处理效果和温室气体排放及微生物群落的影响［J］. 环境科学，2022，43（3）：1492－1499.

[26] 刘然彬，赵亚乾，沈澄，等. 人工湿地在"海绵城市"建设中的作用［J］. 中国给水排水，2016，32（24）：49－53，58.

[27] 国家统计局. 2022中国统计年鉴［M］. 北京：中国统计出版社，2022.

[28] 王雷，江小平. 中国城市再生水利用及价格政策研究［J］. 给水排水，2021，57（7）：48－53，59.

[29] 中华人民共和国住房和城乡建设部. 2021年中国城乡建设统计年鉴［M］. 北京：中国计划出版社，2021.

[30] 中华人民共和国生态环境部. 中国生态环境统计年报2021［M］. 北京：中国环境出版集团有限公司，2021.

[31] 李激，王燕，罗国兵，等. 城镇污水处理厂一级A标准运行评估与再提标重难点分析［J］. 环境工程，2020，38（7）：1－12.

[32] 郭强. 城市污水处理厂升级改造工艺及运行研究［D］. 西安：西安工业大学，2018.

[33] 潘成荣，陈建，彭书传，等. 复合型人工湿地对污水厂尾水的深度处理效果［J］. 中国给水排水，2022，38（13）：111－116.

[34] 陈嗣威，郑海粟，张晟曼，等. 不同植物组合对模拟污水厂尾水的净化效果及对根系微生物群落的影响［J］. 应用与环境生物学报，2022，28（2）：387－393.

[35] 管凛，陶梦妮，荆肇乾. 人工湿地—微生物燃料电池强化尾水脱氮产电效能［J］. 中国给水排水，2021，37（13）：7－13.

[36] 王宇娜，国晓春，卢少勇，等. 人工湿地对低污染水中氮去除的研究进展：效果、机制和影响因素［J］. 农业资源与环境学报，2021，38（5）：722－734.

[37] 李荣涛，杨萍果，李琳琳，等. 潮汐流与曝气人工湿地对低污染水中氮去除的研究进展［J］. 生态与农村环境学报，2021，37（8）：962－971.

[38] 李喆，赵乐军，朱慧芳，等. 我国城镇污水处理厂建设运行概况及存在问题分析［J］. 给水排水，2018，54（4）：52－57.

[39] ILYAS H，MASIH I. The performance of the intensified constructed wetlands for organic matter and nitrogen removal：A review［J］. Journal of Environmental Management，2017，198：372－383.

[40] RAI U N，TRIPATHI R D，SINGH N K，et al. Constructed wetland as an ecotechnological tool for pollution treatment for conservation of Ganga river［J］. Bioresource Technology，2013，148：535－541.

[41] 刘汉湖，白向玉，夏宁. 城市废水人工湿地处理技术［M］. 徐州：中国矿业大学出版社，2006.

[42] 李亚娟. 妫水河表流湿地水质净化模拟研究［D］. 北京：中国地质大学（北京），2021.

[43] VYMAZAL J. Constructed Wetlands for Wastewater Treatment：Five Decades of Experience［J］. Environmental Science & Technology，2011，45（1）：61－69.

[44] 秦明. 人工湿地工程［M］. 上海：上海交通大学出版社，2011.

［45］ 丁怡，唐海燕，刘兴坡，等. 不同类型人工湿地在污水脱氮中的研究进展［J］. 工业水处理，2019，39（7）：1-3，9.

［46］ 李超予，杨怡潇，张宁，等. 两种典型 PPCPs 在潜流人工湿地中的季节性去除效果及降解产物［J］. 环境科学，2021，42（2）：842-849.

［47］ VYMAZAL J. The use constructed wetlands with horizontal sub-surface flow for various types of wastewater［J］. Ecological Engineering，2009，35（1）：1-17.

［48］ 梁康，王启烁，王飞华，等. 人工湿地处理生活污水的研究进展［J］. 农业环境科学学报，2014，33（3）：422-428.

［49］ PAYNE E G I，FLETCHER T D，RUSSELL D G，et al. Temporary Storage or Permanent Removal? The Division of Nitrogen between Biotic Assimilation and Denitrification in Stormwater Biofiltration Systems［J］. Plos One，2014，9（3）：e90890.

［50］ 付融冰，朱宜平，杨海真，等. 连续流湿地中 DO、ORP 状况及与植物根系分布的关系［J］. 环境科学学报，2008（10）：2036-2041.

［51］ 王世和，王薇，俞燕. 水力条件对人工湿地处理效果的影响［J］. 东南大学学报（自然科学版），2003（3）：359-362.

［52］ ZHANG F，SHEN J，LI L，et al. An overview of rhizosphere processes related with plant nutrition in major cropping systems in China［J］. Plant and Soil，2004，260（1-2）：89-99.

［53］ 赵德华，吕丽萍，刘哲，等. 湿地植物供碳功能与优化［J］. 生态学报，2018，38（16）：5961-5969.

［54］ SALVATO M，BORIN M，DONI S，et al. Wetland plants，micro-organisms and enzymatic activities interrelations in treating N polluted water［J］. Ecological Engineering，2012，47：36-43.

［55］ ZHAI X，PIWPUAN N，ARIAS C A，et al. Can root exudates from emergent wetland plants fuel denitrification in subsurface flow constructed wetland systems?［J］. Ecological Engineering，2013，61：555-563.

［56］ 周元清，李秀珍，唐莹莹，等. 不同处理水芹浮床对城市河道黑臭污水的脱氮效果及其机理研究［J］. 环境科学学报，2011，31（10）：2192-2198.

［57］ 范洁群，邹国燕，宋祥甫，等. 浮床黑麦草对城市生活污水氮循环细菌繁衍和脱氮效果的影响［J］. 生态学报，2010，30（1）：265-271.

［58］ BISSEGGER S，RODRIGUEZ M，BRISSON J，et al. Catabolic profiles of microbial communities in relation to plant identity and diversity in free-floating plant treatment wetland mesocosms［J］. Ecological Engineering，2014，67：190-197.

［59］ DIERBERG F E，DEBUSK T A，JACKSON S D，et al. Submerged aquatic vegetation-based treatment wetlands for removing phosphorus from agricultural runoff：response to hydraulic and nutrient loading［J］. Water research，2002，36（6）：1409-1422.

［60］ MERRIKHPOUR H，JALALI M. Comparative and competitive adsorption of cadmium，copper，nickel，and lead ions by Iranian natural zeolite［J］. Clean Technologies and Environmental Policy，2013，15（2）：303-316.

［61］ LEE S，MANIQUIZ-REDILLAS M C，KIM L H. Settling basin design in a constructed wetland using TSS removal efficiency and hydraulic retention time［J］. Journal of Environmental Sciences，2014，26（9）：1791-1796.

［62］ DU L，TRINH X，CHEN Q，et al. Enhancement of microbial nitrogen removal pathway by vegetation in Integrated Vertical-Flow Constructed Wetlands（IVCWs）for treating reclaimed water［J］. Bioresource Technology，2018，249：644-651.

［63］ JIA W，SUN X，GAO Y，et al. Fe-modified biochar enhances microbial nitrogen removal capability of constructed wetland [J]. Science of the Total Environment, 2020, 740: 139534.

[64] KUYPERS M M M, MARCHANT H K, KARTAL B. The microbial nitrogen – cycling network [J]. Nature Reviews Microbiology, 2018, 16 (5): 263 – 276.

[65] SONG K, LEE S H, KONG H. Denitrification rates and community structure of denitrifying bacteria in newly constructed wetland [J]. European Journal of Soil Biology, 2011, 47 (1): 24 – 29.

[66] LIU W, YANG H, YE J, et al. Short – chain fatty acids recovery from sewage sludge via acidogenic fermentation as a carbon source for denitrification: A review [J]. Bioresource Technology, 2020, 311: 123446.

[67] GAO Y, XIE Y W, ZHANG Q, et al. Intensified nitrate and phosphorus removal in an electrolysis – integrated horizontal subsurface – flow constructed wetland [J]. Water Research, 2017, 108: 39 – 45.

[68] CHEN F, LI X, GU C, et al. Selectivity control of nitrite and nitrate with the reaction of S – 0 and achieved nitrite accumulation in the sulfur autotrophic denitrification process [J]. Bioresource Technology, 2018, 266: 211 – 219.

[69] LI M, DUAN R, HAO W, et al. High – rate nitrogen removal from carbon limited wastewater using sulfur – based constructed wetland: Impact of sulfur sources [J]. Science of the Total Environment, 2020, 744: 140969.

[70] ZHANG P, PENG Y, LU J, et al. Microbial communities and functional genes of nitrogen cycling in an electrolysis augmented constructed wetland treating wastewater treatment plant effluent [J]. Chemosphere, 2018, 211: 25 – 33.

[71] 葛媛. 潜流人工湿地中的基质作用及污染物去除机理研究 [D]. 西安: 西安建筑科技大学, 2017.

[72] ZHANG Q, XU X, ZHANG R, et al. The mixed/mixotrophic nitrogen removal for the effective and sustainable treatment of wastewater: From treatment process to microbial mechanism [J]. Water Research, 2022, 226: 119269.

[73] PAREDES D, KUSCHK P, MBWETTE T S A, et al. New aspects of microbial nitrogen transformations in the context of wastewater treatment – A review [J]. Engineering in Life Sciences, 2007, 7 (1): 13 – 25.

[74] ZENG T, LI D, ZHANG J. Characterization of the Microbial Community in a Partial Nitrifying Sequencing Batch Biofilm Reactor [J]. Current Microbiology, 2011, 63 (6): 543 – 550.

[75] SAEED T, SUN G. A review on nitrogen and organics removal mechanisms in subsurface flow constructed wetlands: Dependency on environmental parameters, operating conditions and supporting media [J]. Journal of Environmental Management, 2012, 112: 429 – 448.

[76] WU H, ZHANG J, WEI R, et al. Nitrogen transformations and balance in constructed wetlands for slightly polluted river water treatment using different macrophytes [J]. Environmental Science and Pollution Research, 2013, 20 (1): 443 – 451.

[77] LIANG M Y, HAN Y C, EASA S M, et al. New solution to build constructed wetland in cold climatic region [J]. Science of the Total Environment, 2020, 719: 137124.

[78] LIU Z, XIE H, HU Z, et al. Role of Ammonia – Oxidizing Archaea in Ammonia Removal of Wetland Under Low – Temperature Condition [J]. Water Air and Soil Pollution, 2017, 228 (9): 356.

[79] MANDER U, TOURNEBIZE J, KASAK K, et al. Climate regulation by free water surface constructed wetlands for wastewater treatment and created riverine wetlands [J]. Ecological Engineering, 2014, 72: 103 – 115.

［80］ MENG P, PEI H, HU W, et al. How to increase microbial degradation in constructed wetlands: Influencing factors and improvement measures ［J］. Bioresource Technology, 2014, 157: 316 – 326.

［81］ FAULWETTER J L, GAGNON V, SUNDBERG C, et al. Microbial processes influencing performance of treatment wetlands: A review ［J］. Ecological Engineering, 2009, 35 （6）: 987 – 1004.

［82］ TRUU M, JUHANSON J, TRUU J. Microbial biomass, activity and community composition in constructed wetlands ［J］. Science of the Total Environment, 2009, 407 （13）: 3958 – 3971.

［83］ ROY D, HASSAN K, BOOPATHY R. Effect of carbon to nitrogen （C: N） ratio on nitrogen removal from shrimp production waste water using sequencing batch reactor ［J］. Journal of Industrial Microbiology & Biotechnology, 2010, 37 （10）: 1105 – 1110.

［84］ ZHU H, YAN B, XU Y, et al. Removal of nitrogen and COD in horizontal subsurface flow constructed wetlands under different influent C/N ratios ［J］. Ecological Engineering, 2014, 63: 58 – 63.

［85］ ZHOU X, WU S, WANG R, et al. Nitrogen removal in response to the varying C/N ratios in subsurface flow constructed wetland microcosms with biochar addition ［J］. Environmental Science and Pollution Research, 2019, 26 （4）: 3382 – 3391.

［86］ FU G, HUANGSHEN L, GUO Z, et al. Effect of plant – based carbon sources on denitrifying microorganisms in a vertical flow constructed wetland ［J］. Bioresource Technology, 2017, 224: 214 – 221.

［87］ ZHANG C, YIN Q, WEN Y, et al. Enhanced nitrate removal in self – supplying carbon source constructed wetlands treating secondary effluent: The roles of plants and plant fermentation broth ［J］. Ecological Engineering, 2016, 91: 310 – 316.

［88］ ZHAO Y, LIU R, ZHAO J, et al. A fancy eco – compatible wastewater treatment system: Green Bio – sorption Reactor ［J］. Bioresource Technology, 2017, 234: 224 – 232.

［89］ FENG M, LIANG J, WANG P, et al. Use of sponge iron dosing in baffled subsurface – flow constructed wetlands for treatment of wastewater treatment plant effluents during autumn and winter ［J］. International Journal of Phytoremediation, 2022, 24 （13）: 1405 – 1417.

［90］ LIM P E, WONG T F, LIM D V. Oxygen demand, nitrogen and copper removal by free – water – surface and subsurface – flow constructed wetlands under tropical conditions. ［J］. Environment international, 2001, 26 （5 – 6）: 425 – 431.

［91］ YANG Z, YANG L, WEI C, et al. Enhanced nitrogen removal using solid carbon source in constructed wetland with limited aeration ［J］. Bioresource Technology, 2018, 248: 98 – 103.

［92］ LIN C J, CHYAN J M, ZHUANG W X, et al. Application of an innovative front aeration and internal recirculation strategy to improve the removal of pollutants in subsurface flow constructed wetlands ［J］. Journal of Environmental Management, 2020, 256: 109873.

［93］ CHOUINARD A, ANDERSON B C, WOOTTON B C, et al. Comparative study of cold – climate constructed wetland technology in Canada and northern China for water resource protection ［J］. Environmental Reviews, 2015, 23 （4）: 367 – 381.

［94］ 李小艳, 丁爱中, 郑蕾, 等. 1990—2015 年人工湿地在我国污水治理中的应用分析 ［J］. 环境工程, 2018, 36 （4）: 11 – 17, 5.

［95］ 薛慧. 人工系统生态服务研究 ［D］. 杭州: 浙江大学, 2013.

［96］ 宋志文, 毕学军, 曹军. 人工湿地及其在我国小城市污水处理中的应用 ［J］. 生态学杂志, 2003 （3）: 74 – 78.

［97］ 曾琪静. 强化人工湿地处理北方地区生活污水试验研究 ［D］. 北京：北京交通大学，2014.

［98］ 钱宇婷. 中小城镇污水处理工艺选择的优化研究 ［D］. 成都：西南交通大学，2017.

［99］ 邱彦昭. 北京市农村污水处理设施现状调研及运营管理措施研究 ［D］. 北京：北京化工大学，2016.

［100］ 尹楚杰，吕源财，潘文斌. 人工湿地填料在废水中脱氮除磷的应用研究进展 ［J］. 现代化工，2021，41 （7）：68 - 71.

［101］ 王明铭，魏俊，黄荣敏，等. 潜流人工湿地填料及其去除污染物机理研究进展 ［J］. 环境工程技术学报，2021，11 （4）：769 - 776.

［102］ 赵倩，庄林岚，盛芹，等. 潜流人工湿地中基质在污水净化中的作用机制与选择原理 ［J］. 环境工程，2021，39 （9）：14 - 22.

［103］ HANG Q，WANG H，CHU Z，et al. Application of plant carbon source for denitrification by constructed wetland and bioreactor：review of recent development ［J］. Environmental Science and Pollution Research，2016，23 （9）：8260 - 8274.

［104］ 张雯，张亚平，尹琳，等. 以 10 种农业废弃物为基料的地下水反硝化碳源属性的实验研究 ［J］. 环境科学学报，2017，37 （5）：1787 - 1797.

［105］ 熊家晴，孙建民，郑于聪，等. 植物固体碳源添加对人工湿地脱氮效果的影响 ［J］. 工业水处理，2018，38 （9）：41 - 44.

［106］ 黄娟，王世和，鄢璐，等. 潜流型人工湿地硝化和反硝化作用强度研究 ［J］. 环境科学，2007 （9）：1965 - 1969.

［107］ 黄娟，王世和，钟秋爽，等. 不同构型湿地氧分布及脱氮效果对比 ［J］. 土木建筑与环境工程，2009，31 （6）：117 - 121.

［108］ HU Y S，ZHAO Y Q，ZHAO X H，et al. Comprehensive analysis of step - feeding strategy to enhance biological nitrogen removal in alum sludge - based tidal flow constructed wetlands ［J］. Bioresource Technology，2012，111：27 - 35.

［109］ 许明，储时雨，蒋永伟，等. 太湖流域化工园区污水处理厂尾水人工湿地深度处理实验研究 ［J］. 水处理技术，2014，40 （5）：87 - 91.

［110］ 姜应和，李超. 树皮填料补充碳源人工湿地脱氮初步试验研究 ［J］. 环境科学，2011，32 （1）：158 - 164.

［111］ 蒋跃平，葛滢，岳春雷，等. 轻度富营养化水人工湿地处理系统中植物的特性 ［J］. 浙江大学学报 （理学版），2005 （3）：309 - 313，319.

［112］ 林运通，崔理华，范远红，等. 5 种湿地沉水植物对模拟污水厂尾水的深度处理 ［J］. 环境工程学报，2016，10 （12）：6914 - 6922.

［113］ VYMAZAL J. Plants used in constructed wetlands with horizontal subsurface flow：a review ［J］. Hydrobiologia，2011，674 （1）：133 - 156.

［114］ 桂召龙，李毅，沈捷，等. 采油废水人工湿地处理效果及植物作用分析 ［J］. 环境工程，2011，29 （2）：5 - 9.

［115］ JI G，SUN T，ZHOU Q，et al. Constructed subsurface flow wetland for treating heavy oil - produced water of the Liaohe Oilfield in China ［J］. Ecological Engineering，2002，18 （4）：459 - 465.

［116］ 李玲丽. 复合人工湿地脱氮途径及微生物多样性研究 ［D］. 重庆：重庆大学，2015.

［117］ 边玉，阎百兴，欧洋. 人工湿地微生物研究方法进展 ［J］. 湿地科学，2014，12 （2）：235 - 242.

［118］ 崔理华，楼倩，周显宏，等. 两种复合人工湿地系统对东莞运河污水的净化效果 ［J］. 生态环境学报，2009，18 （5）：1688 - 1692.

[119] LANGERGRABER G，PRESSL A，LEROCH K，et al. Comparison of single - stage and a two - stage vertical flow constructed wetland systems for different load scenarios [J]. Water Science and Technology, 2010, 61 (5): 1341 - 1348.

[120] SAEED T，SUN G. A lab - scale study of constructed wetlands with sugarcane bagasse and sand media for the treatment of textile wastewater [J]. Bioresource Technology, 2013, 128: 438 - 447.

[121] 吴振斌，谢小龙，徐栋，等. 复合垂直流人工湿地在奥林匹克森林公园龙型水系的应用 [J]. 中国给水排水, 2009, 25 (24): 28 - 31, 35.

[122] BRIX H，KOOTTATEP T，FRYD O，et al. The flower and the butterfly constructed wetland system at Koh Phi Phi - System design and lessons learned during implementation and operation [J]. Ecological Engineering, 2011, 37 (5): 729 - 735.

[123] 冯牧雨. 城市污水处理厂尾水的人工湿地处理技术研究 [D]. 兰州：兰州交通大学, 2021.

[124] 孙亚平，周品成，袁敏忠，等. 水力负荷对改良型垂直流人工湿地降解模拟污水厂尾水效果的影响 [J]. 环境工程学报, 2019, 13 (11): 2629 - 2636.

[125] 张国珍，尚兴宝，武福平，等. 废砖基质折流式垂直流人工湿地处理二级生化尾水 [J]. 中国给水排水, 2019, 35 (9): 100 - 105.

[126] 宋孟. 硫自养人工湿地强化污水厂尾水深度脱氮研究 [D]. 北京：北京林业大学, 2018.

[127] 郑晓英，朱星，王菊，等. 内电解人工湿地冬季低温尾水强化脱氮机制 [J]. 环境科学, 2018, 39 (2): 758 - 764.

[128] 张晓一，陈盛，查丽娜，等. 表面流人工湿地和复合型生态浮床处理污水厂尾水的脱氮性能分析 [J]. 环境工程, 2019, 37 (6): 46 - 51.

[129] 白雪原. 水平潜流人工湿地用于城镇污水厂尾水深度脱氮的研究与实践 [D]. 长春：东北师范大学, 2020.

[130] 隗岚琳，刘东升，廖雪珂，等. 垂直潜流人工湿地低温净化效果及其与微生物作用关系 [J]. 环境科学学报, 2021, 41 (10): 4039 - 4048.

[131] 黄大海. 迂回流湿地对污水处理厂尾水深度处理及好氧反硝化菌强化脱氮的研究 [D]. 苏州：苏州大学, 2020.

[132] 邵捷. 混合种植蔬菜型人工湿地深度净化村落生活污水尾水的研究 [D]. 南京：东南大学, 2020.

[133] 岑璐瑶，陈滢，张进，等. 种植不同植物的人工湿地深度处理城镇污水处理厂尾水的中试研究 [J]. 湖泊科学, 2019, 31 (2): 365 - 374.

[134] 殷楠，王静文，彭秋怡，等. 折流人工湿地模拟装置的水力特性研究 [J]. 环境科学与技术, 2016, 39 (11): 5 - 9, 14.

[135] 宋新山，张涛，严登华，等. 不同布水方式下水平潜流人工湿地的水力效率 [J]. 环境科学学报, 2010, 30 (1): 117 - 123.

[136] 何伟华，刘佳，王海曼，等. 微生物电化学污水处理技术的优势与挑战 [J]. 电化学, 2017, 23 (3): 283 - 296.

[137] 杨晶涵，余凯锋. 人工湿地组合技术用于污水处理的研究进展 [J]. 应用化工, 2021, 50 (3): 769 - 773.

[138] 石玉翠，罗昕怡，唐刚，等. 人工湿地-微生物燃料电池耦合系统的研究进展及展望 [J]. 环境工程, 2021, 39 (8): 25 - 33.

[139] 徐凤英. 硫氮比对污水厂尾水电解-人工湿地系统脱氮效能及路径的影响 [D]. 重庆：重庆大学, 2020.

[140] 郑晓英，朱星，周翔，等. 铁炭内电解垂直流人工湿地对污水厂尾水深度脱氮效果 [J]. 环境

科学，2017，38（6）：2412-2418.

[141] 廖波，林武. 强化型垂直流人工湿地用于污水处理厂尾水深度处理 [J]. 中国给水排水，2013，29（16）：74-77.

[142] 吴丹，缪爱军，李丽，等. 表面流人工湿地不同植物及其组合净化污水处理厂尾水研究 [J]. 水资源保护，2015，31（6）：115-121.

[143] 王翔，朱召军，尹敏敏，等. 组合人工湿地用于城市污水处理厂尾水深度处理 [J]. 中国给水排水，2020，36（6）：97-101.

[144] 杜曼曼，张琼华，连斌，等. 城市污水处理厂尾水人工湿地净化工程调试与运行 [J]. 中国给水排水，2020，36（9）：94-100，104.

[145] 蒋岚岚，刘晋，吴伟，等. 城北污水处理厂尾水人工湿地处理示范工程设计 [J]. 中国给水排水，2009，25（10）：26-29.

[146] 杨长明，马锐，山城幸，等. 组合人工湿地对城镇污水处理厂尾水中有机物的去除特征研究 [J]. 环境科学学报，2010，30（9）：1804-1810.

[147] 杨立君. 垂直流人工湿地用于城市污水处理厂尾水深度处理 [J]. 中国给水排水，2009，25（18）：41-43.

[148] 段田莉，成功，郑媛媛，等. 高效垂直流人工湿地＋多级生态塘深度处理污水厂尾水 [J]. 环境工程学报，2017，11（11）：5828-5835.

[149] 许坤，吴义锋，肖宁，等. 高适应性复合人工湿地处理某污水处理厂尾水 [J]. 中国给水排水，2019，35（22）：58-61.

[150] 姚瀚申，吴义锋，朱红生，等. 梯级生态湿地对污水厂尾水水质提升作用的数值模拟研究 [J]. 环境科学学报，2022，42（8）：236-245.

[151] 胡洁，许光远，胡香，等. 组合式人工湿地深度处理小城镇污水处理厂尾水 [J]. 水处理技术，2018，44（11）：120-122，132.

[152] 蔡然，王征戍，张功良，等. 生态湿地技术在内江太子湖项目尾水处理中的应用 [J]. 给水排水，2021，57（1）：54-57.

[153] 武海涛. 人工湿地反硝化脱氮外加碳源选择研究 [D]. 杭州：浙江大学，2013.

[154] HUETT D O, MORRIS S G, SMITH G, et al. Nitrogen and phosphorus removal from plant nursery runoff in vegetated and unvegetated subsurface flow wetlands [J]. Water Research, 2005, 39（14）：3259-3272.

[155] SONGLIU L, HONGYING H, YINGXUE S, et al. Effect of carbon source on the denitrification in constructed wetlands [J]. Journal of Environmental Sciences, 2009, 21（8）：1036-1043.

[156] ZHANG M, ZHAO L, MEI C, et al. Effects of Plant Material as Carbon Sources on TN Removal Efficiency and N2O Flux in Vertical-Flow-Constructed Wetlands [J]. Water Air and Soil Pollution, 2014, 225（11）：2181.

[157] 范振兴，王建龙. 利用聚乳酸作为反硝化固体碳源的研究 [J]. 环境科学，2009，30（8）：2315-2319.

[158] 李晓崴，贾亚红，李冰，等. 人工湿地植物缓释碳源的预处理方式及释碳性能研究 [J]. 水处理技术，2013，39（12）：46-48，52.

[159] 魏星，朱伟，赵联芳，等. 植物秸秆作补充碳源对人工湿地脱氮效果的影响 [J]. 湖泊科学，2010，22（6）：916-922.

[160] 马兴冠，赵秋菊，江涛. 人工湿地植物外加碳源的预处理研究 [J]. 水处理技术，2015，41（7）：26-30，44.

[161] 赵文莉，郝瑞霞，王润众，等. 以碱处理玉米芯为碳源去除二级出水中硝酸盐 [J]. 中国给水排水，2016，32（7）：107-111.

[162]　SUN S，LIU J，ZHANG M，et al. Thiosulfate – driven autotrophic and mixotrophic denitrification processes for secondary effluent treatment：Reducing sulfate production and nitrous oxide emission [J]. Bioresource Technology，2020，300：122651.

[163]　CHUNG J，AMIN K，KIM S，et al. Autotrophic denitrification of nitrate and nitrite using thiosulfate as an electron donor [J]. Water Research，2014，58：169 – 178.

[164]　DI CAPUA F，PIROZZI F，LENS P N L，et al. Electron donors for autotrophic denitrification [J]. Chemical Engineering Journal，2019，362：922 – 937.

[165]　KONG Z，LI L，FENG C，et al. Comparative investigation on integrated vertical – flow biofilters applying sulfur – based and pyrite – based autotrophic denitrification for domestic wastewater treatment [J]. Bioresource Technology，2016，211：125 – 135.

[166]　KURT M，DUNN I J，BOURNE J R. Biological denitrification of drinking water using autotrophic organisms with H（2）in a fluidized – bed biofilm reactor. [J]. Biotechnology and bioengineering，1987，29（4）：493 – 501.

[167]　KARANASIOS K A，VASILIADOU I A，PAVLOU S，et al. Hydrogenotrophic denitrification of potable water：A review [J]. Journal of Hazardous Materials，2010，180（1 – 3）：20 – 37.

[168]　LI P，WANG Y，ZUO J，et al. Nitrogen Removal and $N_2O$ Accumulation during Hydrogenotrophic Denitrification：Influence of Environmental Factors and Microbial Community Characteristics [J]. Environmental Science & Technology，2017，51（2）：870 – 879.

[169]　MA X，LI X，LI J，et al. Iron – carbon could enhance nitrogen removal in Sesuvium portulacastrum constructed wetlands for treating mariculture effluents [J]. Bioresource Technology，2021，325：124602.

[170]　MA Y，DAI W，ZHENG P，et al. Iron scraps enhance simultaneous nitrogen and phosphorus removal in subsurface flow constructed wetlands [J]. Journal of Hazardous Materials，2020，395：122612.

[171]　SI Z，SONG X，WANG Y，et al. Untangling the nitrate removal pathways for a constructed wetland – sponge iron coupled system and the impacts of sponge iron on a wetland ecosystem [J]. Journal of Hazardous Materials，2020，393：122407.

[172]　柳登发. 人工湿地非稳态条件下水力停留时间分布规律研究与模拟 [D]. 重庆：重庆大学，2015.

[173]　DECEZARO S T，WOLFF D B，PELISSARI C，et al. Influence of hydraulic loading rate and recirculation on oxygen transfer in a vertical flow constructed wetland [J]. Science of the Total Environment，2019，668：988 – 995.

[174]　范立维，海热提，卢泽湘. 用 CFD 研究潜流人工湿地集水区对其水力学性能的影响 [J]. 化工学报，2007（12）：3024 – 3032.

[175]　JENKINS G A，GREENWAY M. The hydraulic efficiency of fringing versus banded vegetation in constructed wetlands [J]. Ecological Engineering，2005，25（1）：61 – 72.

[176]　A C T，BRIGNAL W J. Application of computational fluid dynamics technique to storage reservoir studies [J]. Water Science and Technology，1998，37（2）：219 – 226.

[177]　THACKSTON E L，SHIELDS F D，SCHROEDER P R. Residence Time Distributions of Shallow Basins [J]. Journal of Environmental Engineering，1987，113（6）：1319 – 1332.

[178]　PERSSON J，SOMES N L G，WONG T H F. Hydraulics Efficiency of Constructed Wetlands and Ponds [J]. Water Science and Technology，1999，40（3）：291 – 300.

[179]　冯媛. 表面流人工湿地水动力-水质模拟与分析 [D]. 济南：山东大学，2016.

[180]　韩殿超. 基于 fluent 的人工湿地二维流场数值模拟研究 [D]. 哈尔滨：东北农业大学，2017.

[181] 许旭. 水平流人工湿地水力学特征与数学模拟 [D]. 合肥：合肥工业大学，2015.

[182] 王文明，危建新，尹振文，等. 洋湖人工湿地再生水深度净化工程设计 [J]. 中国给水排水，2019，35 (4)：59 - 62.

[183] 王荣震. 小型人工湿地实验及水动力模拟研究 [D]. 济南：济南大学，2020.

[184] 芦秀青. 垂直流人工湿地水力学规律与数学模型研究 [D]. 武汉：华中科技大学，2010.

[185] 孔德川，丁爱中，郑蕾，等. 分层式潜流人工湿地水力学特性数值模拟与分析 [J]. 环境工程学报，2011，5 (4)：741 - 744.

[186] 黄炳彬，孟庆义，尹玉冰，等. 潜流人工湿地水力学特性及工程设计 [J]. 环境工程学报，2013，7 (11)：4307 - 4316.

[187] 余杰，田宁宁，钱靖华，等. 人工湿地在回用水中的应用及应考虑的问题 [J]. 中国建设信息（水工业市场），2009 (10)：44 - 48.

[188] 魏俊，韩万玉，杜运领，等. 尾水人工湿地设计与实践 [M]. 北京：中国水利水电出版社，2019.

[189] 张长宽，倪其军，杨栋，等. 低温条件下高效复合人工湿地对尾水的净化效应 [J]. 环境工程学报，2017，11 (4)：2034 - 2040.

[190] 孔令为，邵卫伟，梅荣武，等. 浙江省城镇污水处理厂尾水人工湿地深度提标研究 [J]. 中国给水排水，2019，35 (2)：39 - 43.

[191] 华莹珺. 污水处理型湿地景观营造研究：以杭州横溪湿地公园为例 [D]. 杭州：浙江农林大学，2019.

[192] 张翔，李子富，周晓琴，等. 我国人工湿地标准中潜流湿地设计分析 [J]. 中国给水排水，2020，36 (18)：24 - 31.

[193] 肖其亮，熊丽萍，彭华，等. 不同基质组合对氮磷吸附能力的研究 [J]. 环境科学研究，2022，35 (5)：1277 - 1287.

[194] 张馨文，冯成业，张文智，等. 人工湿地碳调控研究进展 [J]. 湿地科学，2022，20 (3)：413 - 420.

[195] 李超超，程晓陶，申若竹，等. 城市化背景下洪涝灾害新特点及其形成机理 [J]. 灾害学，2019，34 (2)：57 - 62.

[196] 王涛. 颗粒生物炭人工湿地对二级出水氮磷去除研究 [D]. 北京：中国矿业大学，2018.

[197] 邓朝仁，梁银坤，黄磊，等. 生物炭对潜流人工湿地污染物去除及 $N_2O$ 排放影响 [J]. 环境科学，2019，40 (6)：350 - 356.

[198] 王树涛，王虹，马军，等. 我国北方城市污水处理厂二级处理出水的水质特性 [J]. 环境科学，2009，30 (4)：1099 - 1104.

[199] 周新程，彭明国，陈晶，等. 低温低碳源下表面流人工湿地净化污水厂尾水 [J]. 中国给水排水，2017，33 (17)：113 - 116.

[200] 殷芳芳，王淑莹，昂雪野，等. 碳源类型对低温条件下生物反硝化的影响 [J]. 环境科学，2009，30 (1)：108 - 113.

[201] 黄斯婷，杨庆，刘秀红，等. 不同碳源条件下污水处理反硝化过程亚硝态氮积累特性的研究进展 [J]. 水处理技术，2015，41 (7)：21 - 25.